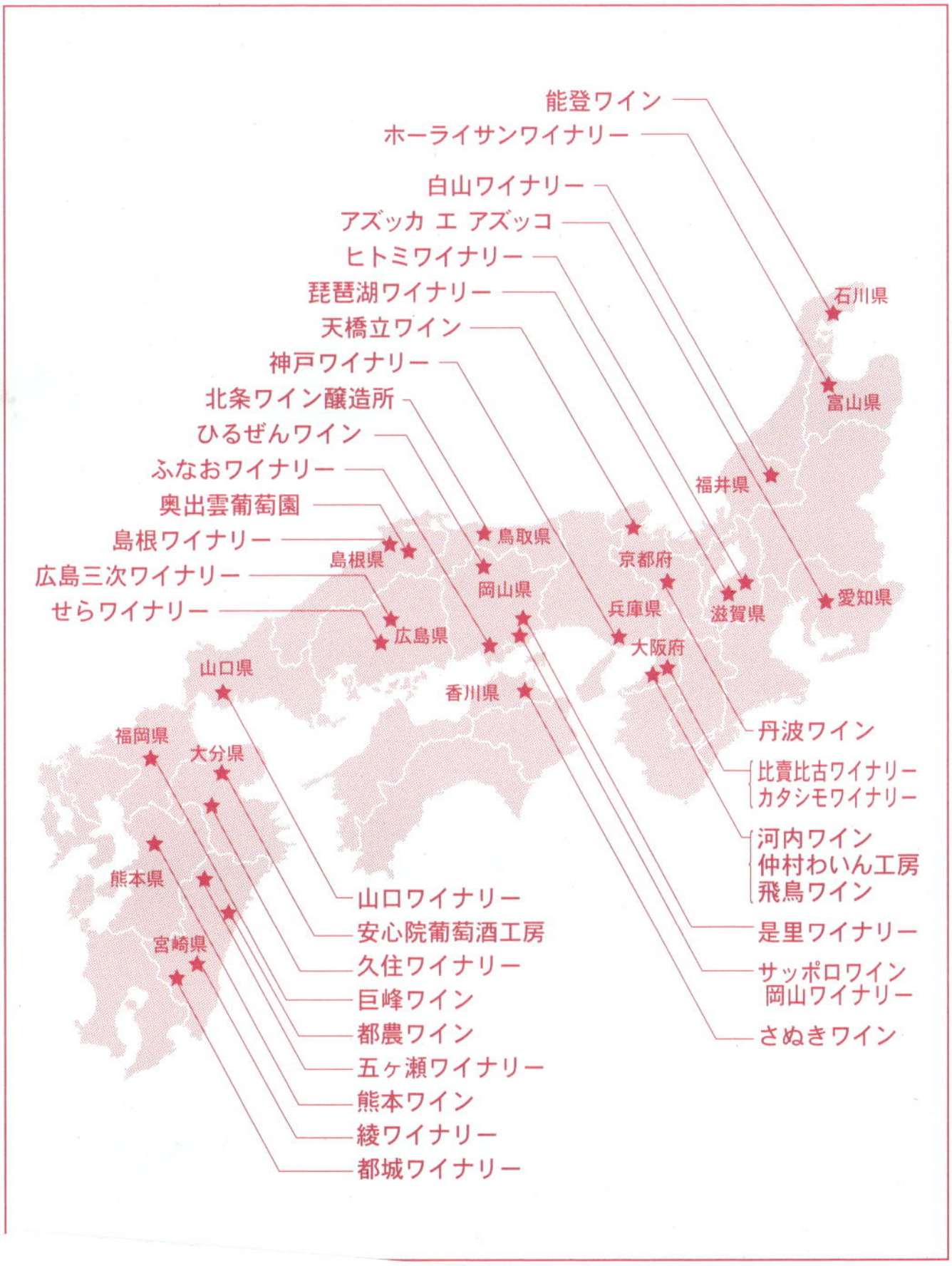
能登ワイン
ホーライサンワイナリー
白山ワイナリー
アズッカ エ アズッコ
ヒトミワイナリー
琵琶湖ワイナリー
天橋立ワイン
神戸ワイナリー
北条ワイン醸造所
ひるぜんワイン
ふなおワイナリー
奥出雲葡萄園
島根ワイナリー
広島三次ワイナリー
せらワイナリー
石川県
富山県
福井県
鳥取県
島根県
京都府
岡山県
兵庫県
滋賀県
愛知県
広島県
大阪府
山口県
香川県
福岡県
大分県
熊本県
宮崎県
丹波ワイン
比賣比古ワイナリー
カタシモワイナリー
河内ワイン
仲村わいん工房
飛鳥ワイン
是里ワイナリー
サッポロワイン
岡山ワイナリー
さぬきワイン
山口ワイナリー
安心院葡萄酒工房
久住ワイナリー
巨峰ワイン
都農ワイン
五ヶ瀬ワイナリー
熊本ワイン
綾ワイナリー
都城ワイナリー

日本ワインを造る人々 5

西日本のワイン

ワイン造りに励む、けなげな男たちと女たちへ

はじめに

ワインというものをひとつの文化現象としてみると、日本には東高西低の傾向がある。言うまでもなく、ワインは飲むためのもので、「消費」と「生産」が両輪になっているのだが、日本では外国のワインを飲むという消費が先行した。現在、国産ワインに限らず輸入ワインを含めて、東京を中心とした関東が、京阪神の関西より普及度が高い。

明治政府は、政権を確立したばかりなのに、主要な閣僚が西欧文明を視察する「岩倉使節団」の派遣を強行した。摂取した新知識の中に、ワイン産業が国の農業の中で重要な地位を占めているという事実があった。そのため大久保利通を中心とする開明派の政策の中に、ワイン産業の奨励振興策があったのである。東京の内藤新宿と三田に試栽培場を造り、北海道を含めた全国各地に苗木を頒布して栽培を鼓舞した。拠点にしたのは、北海道は札幌、関東は山梨だったが、関西は神戸に近い明石の「播州葡萄園」だった。この葡萄園は日本一の規模を持つ国営葡萄園だったが、不幸なことにフィロキセラ（ブドウネアブラムシ）に襲われて廃園になった。もしその災厄がなかったら、神戸・岡山が日本のワイン生産の中心地になっていたかもしれない。明治政府は薩長政権といわれるように両藩出身者の勢力が強かったが、不思議なことに山口県と鹿児島県はこの初期のいわゆるワイン・ブームに乗らなかった。

いろいろな理由があったが、この明治政府のワイン産業振興策は挫折し、代わって生まれた徒花《あだばな》は、神谷傳兵衛の「蜂印葡萄酒」と鳥居信治郎の「赤玉ポートワイン」だった。第二次世界大戦前、国民的愛飲酒にまでなったこの人工甘味葡萄酒は、神谷傳兵衛のほうは原料を山形、長野、山梨に求めたが、鳥居信治郎は大阪人だったから長野の他に大阪市の南河内にも求めた。そのため、一時期河内はこのワイン原料地として繁栄したが、第二次大戦後大阪の郊外都市化現象に浸食されて、わずか数軒の生産者を残すだけになった。

しかし、西日本でのワイン造りが全く跡を絶ったわけではない。私が日本で初めて国産ワインを紹介する『日本ワイン』（早川書房）を出版した平成一五年当時、既に神戸市の「神戸ワイナリー」と岡山の「サッポロワイン 岡山ワイナリー」は、全日本の中でも質量ともに存在感を示すワイナリーになっていた。中小では富山の「ホーライサンワイナリー」と鳥取の「北条ワイン製造所」、河内の「カタシモワイナリー」、京都の「丹波ワイン」などが注目されるワインを長く造り続けていた。島根県では「島根ワイナリー」が苦境を乗り切って第三セクターとしては大成功していたし、「奥出雲葡萄園」がキラリと光るワインを出し始めていた。広島県では「三次ワイナリー」が第三セクターのワイナリーでも成功していることを示した。山口県の秋吉台にある「山口ワイナリー」も孤軍奮闘していた。ワイン専門家を驚かしたのは九州勢の台頭だった。古くから久留米の「巨峰ワイン」がユニークなワイン造りをしていることは知られていたが、大分県に「由布院ワイナリー」と「安心院葡萄酒工房」が登場したのは、新時代を象徴していた。またワイン造りは不可能と思い込まれていた宮崎県で出色の「都農ワイン」、熊本県で「熊本ワイン」が、いずれも独断と偏見を破る高品質のワインを造り上げて日本ワインの将来に新しい展望を見せた。

その後、新しいワイナリーがいくつか誕生しているという情報はあった。今回あらためて正確な取材をしてみると、西日本のワイナリーがそれぞれ地盤を固めて充実しているし、また、新興ワイナリーが新しい分野を固めつつあることが実証された。新興ワイナリーの中には今までほとんど知られていないところもあるが、西日本が東日本に追いつき追い越そうとする台頭がうかがわれる。ワイン愛好者としては楽しいかぎりだし、西日本のワイン愛好家たちが「われらがワイン」に熱い声援を送ることを期待するや切である。ただ将来を期待されていた由布院ワイナリーが姿を消したことは残念でならない。

山本　博

日本ワインを造る人々5　西日本のワイン／目次

はじめに

第一章　**中部地方（西部）のワイナリー**　11

ホーライサンワイナリー——北陸一の歴史を誇る老舗ワイナリー　12

能登ワイン——能登の広大な畑から生まれる新世代のワイン　19

白山ワイナリー——山ブドウにこだわる福井県唯一のワイナリー　25

アズッカ エ アズッコ——イタリア帰りの若夫婦が豊田の地で目指す「自分たちのワイン」　30

第二章　**近畿地方のワイナリー**　35

琵琶湖ワイナリー——伝統の酒造り技術と国産ブドウのコラボレーション　36

ヒトミワイナリー——こだわりの「にごりワイン」との一期一会　40

天橋立ワイン——老舗旅館オーナーの挑戦。一〇〇年先を見据えたワイン造り　46

丹波ワイン――食の宝庫、京都丹波発、和食に合うワイン造り　54
飛鳥ワイン――量から質への転換　62
カタシモワイナリー――郷土愛と創造力に富む西日本最古のワイナリー　68
河内ワイン――見学しても飲んでも楽しめる老舗　78
仲村わいん工房――〝規格外〟のガレージワイナリー　83
比賣比古ワイナリー――ワイナリーＩＮゴルフ場　89
神戸ワイナリー――神戸市民に愛される都市型ワイナリー　94

第三章　**中国・四国地方のワイナリー**　103

北条ワイン醸造所――砂丘がはぐくむ歴史あるワイナリー　104
奥出雲葡萄園――神話の里に抱かれた珠玉のワイナリー　110
島根ワイナリー――出雲大社に寄り添う、驚異的集客力の大規模ワイナリー　118
是里ワイナリー――地元農家の素人集団が始めたワイン造り　125
サッポロワイン岡山ワイナリー――地元に根を下ろした大手メーカーのワイナリー　129
ひるぜんワイン――山ブドウに恋する高原のワイナリー　137
ふなおワイナリー――「果物の女王」マスカットで「ワインの女王」造りを追求　142
せらワイナリー――恵まれた環境で農家とともに成長していくワイン造り　146

広島三次ワイナリー――三次にも貴腐ワインあり　151
山口ワイナリー――酒蔵の女将の夢の実現　157
さぬきワイン――孤軍奮闘する、四国で唯一のワイナリー　163

第四章　**九州地方のワイナリー**　167

巨峰ワイン――巨峰ブドウ開植の地で町おこしにかける　168
熊本ワイン――創意工夫とチャレンジでワイン好きを楽しませる　177
三和酒類 安心院葡萄酒工房――九州にワイン文化を。コンセプトは「杜の百年ワイナリー」　184
久住ワイナリー――故郷に飾る第二の人生。マイクロワイナリーの夢　193
綾ワイナリー――有機農業の町で観光ワインに徹しながら品質を追求　197
五ヶ瀬ワイナリー――きらりと光る第三セクターの星になれるか　203
都農ワイン――良いワインができるはずがないという常識に挑んだ熱い男たち　207
都城ワイナリー――神話に彩られた国内最南端のワイナリー　217

播州葡萄園——日本最初・最大の国営葡萄園　山本　博　224
本書掲載のワイナリー連絡先一覧　234
おわりに　236

●本文中の「ワインリスト」でご紹介したワインは、本書発行の時点ですでに終売したり、価格、内容、名称などが変更されたりしている場合があります。ご了承ください。
●文中の人名については、すべて敬称を略させていただきました。

日本ワインを造る人々5

西日本のワイン

二十世紀は自然破壊の時代であった。
二一世紀は自然と共生の時代でなければならない。
自然を尊重し、自然を愛することが
ワイン造りという事業の原点なのである。

第一章　中部地方（西部）のワイナリー

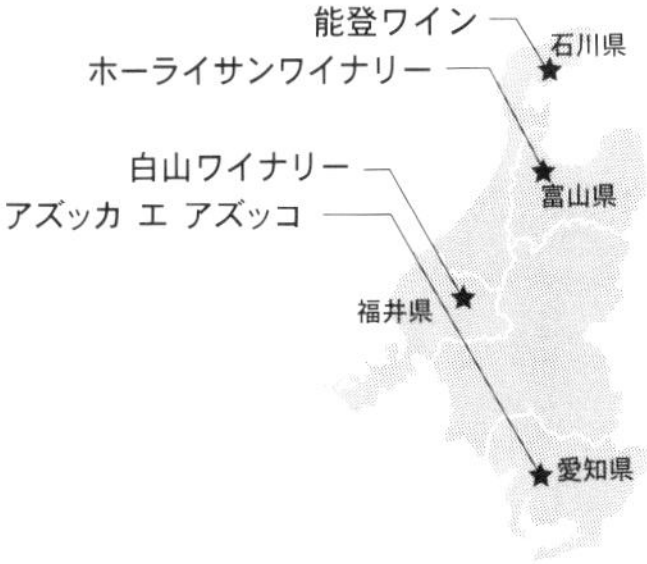

富山県

ホーライサンワイナリー――北陸一の歴史を誇る老舗ワイナリー

ホーライサンワイナリーの設立は古く、ワイナリーの母体である山藤ぶどう園は、昭和二年に開園している。ワイナリーは昭和八年の創業である。戦前に設立されて現在も生き残っているワイナリーは数少なく、特に北陸以北の日本海側はホーライサンワイナリーと岩の原葡萄園の二軒のみである。

ワイナリーの所在地は、富山県富山市婦中町。富山市の南部、富山の街並みを見下ろす標高一五〇メートルの小高い丘の上にある。旧婦中町は、富山県の中央部に位置する人口三万人あまりの町だったが、平成一七年の合併で富山市になった。富山空港や北陸自動車道に近いため、富山市のベッドタウンとして急速に姿を変えつつある。

ワイナリーは婦中町の中心部からやや離れている。車で行くには北陸自動車道の小杉インターないし富山インターから一五～二〇分程度。富山空港からも車を利用すれば、約二〇分で到着する。JRを利用する場合は、高山本線の速星《はやほし》駅が最寄り駅。ここからも車で一五分ほどかかる。

山藤ぶどう園は、昭和二年にブドウ栽培を始めている。現在のワイナリーの地は大正末期に開墾されたが、山の上ということもあり、当時は水の確保ができなかった。そこで山藤ぶどう園の初代園長山藤重信は、この土地を活用すべく県に働きかけて、県の果樹振興策を利用する。山藤家は地元では代々続く名家で、現ワイナリー一帯の大地主である。重信はその一八代目。一七代目までは、米作りを主体としていたという。

ホーライサンワイナリー取締役副社長・山藤万紀子

栽培する果物については、試行錯誤を重ねたようである。たとえば桃を試してみたが、雪の重みで枝が折れてしまう。幾種類かの果物について実験栽培を行った結果、ブドウ栽培が最適と判断するに至った。重信のこの決断の背景には、ブドウを栽培してブドウ酒を造りたいという思いがあったとも考えられる。当時は、大正末期から続く稲作不作の時代であり、富山県でも各所で米騒動が勃発していた。もともと酒造りに関心のあった山藤が、日本酒を造るための酒米も不足がちな状況を見て、米を使わない酒としてワインに注目したことは容易に想像できる。実際、ブドウ栽培を始めて六年後の昭和八年にはワインの醸造免許を取得し、ワイナリー初の銘柄となる「蓬莱山葡萄酒」を発売している。なお、ワイナリー名ともなっている「蓬莱山」は、付近の山の名からとったものではない。「竹取物語」に出てくる不老長寿の仙人が住んでいる山が蓬莱山であり、その名を重信が採用した。ワイナリーの敷地内には山藤家ゆかりの祠《ほこら》があり、その傍らに重信の胸像が鎮座している。

山藤重信の後は、その子、山藤茂森が継ぐ。茂森は、昭和三〇年、山藤ぶどう園を新たに県内初の観光ブドウ園として開園する。町会議員を務めるとともに、地元に働きかけてパイロット事業として山地を開き、ふもとを流れる山田川からポンプアップして水を確保。また、その隣地にドライブインなどを整備し、ホーライサンワイナリーの収益源の多角化を図った。現在のワイナリーの代表取締役社長は初代山藤重信の孫にあたる山藤重徳で、彼は山藤ぶどう園のオーナーでもある。高校卒業後、すぐに家業を継ぐべく、サントリー株式会社に二年間、ワイン醸造とブドウ栽培の修業に出かけている。この経験から、ヨーロッパ系ブドウの栽培にも着手する。また、サントリー修業時代、重徳と同じ富山県の氷見出身であり、後に岩の原葡萄園の社長となる大井一郎と知り合う。この時から、岩の原葡萄園との交流も始まっている。

社員数は、現時点で七名となっている。少人数での家族経営をモットーとしているが、中でも社長の重徳を公私にわたり支えているのが、取締役副社長である山藤万紀子である。万紀子も山藤家に嫁ぐまではワインを知るどころかお酒もあまり嗜まなかったが、今ではすっかりワインに魅せられ、栽培から醸造まで、要所をしっかりと取り仕切っている。また、重徳、万紀子夫妻の娘二人もそれぞれの夫とともにブドウ園、ワイナリー、園内のカフェなどで働いて、頼もしい後継者となりつつある。

このほか、ホーライサンワイナリーの準社員（?）として、飼い犬を忘れてはならない。ワイナリーは立山連峰からはかなり離れているものの、ウサギやシカ、タヌキなどの獣害対策が必要となる。この解決策として、ホーライサンワイナリーでは、以前から飼い犬を活用している。現在はシェルティ種のララが、ワイナリーを訪れるお客を温かく迎えてくれる。

現在のぶどう園の敷地は、約五ヘクタール。この広さに、生食用とワイン用で五〇品種ほどのブドウが植えられている。ワイン用のブドウは、山藤ぶどう園以外に石川県に委託農場を持ち、国産ブドウ一〇〇パーセントのワイン造りを行っている。中でも石川県では、二ヘクタールの畑でリースリングとマスカット・ベリーAを栽培し、これをホーライサンワイナリーで醸造、瓶詰めして、「加賀ワイン」として販売している。

ワイン用としては、マスカット・ベリーAを中心に、リースリング、カベルネ・フラン、メルロ、シャルドネといった品種が数多く植えられている。一方、生食用は、ブラック・オリンピア、巨峰、アーリー・スチューベンなどの品種が主体である。ワイン用と生食用は、畑が完全に分離されているとともに、栽培方法も区別されている。

ブドウの生産比率は、生食用、ワイン用、ほぼ半々という構成である。一番生産量の多い品種は、白ブドウではリースリング、黒ブドウではマスカット・ベリーAとなっている。最近は畑を増やしてメルロを植えており、メルロの比率が次第に高くなっている。

ブドウ樹の仕立て方であるが、他のぶどう園と同様、生食用ブドウは棚栽培で行っている。ワイン用ブドウは、かつて垣根栽培で行っていたが、平成二〇年から二一年にかけ、カベルネ・フランを除いてすべて棚栽培に変更した。棚栽培は一文字短梢仕立てにして、収量を制限している。

自社畑は標高一五〇メートルと若干高台にあるが、氷点下になることはあまりない。風通しがよく、寒暖差がしっかりあってブドウ栽培には適したテロワールである。降雨量、降水量ともに許容範囲内であり、積雪も近年は三〇～四〇センチほどである。ただし、秋雨は要注意であり、秋雨前線が到達する前に収穫できる、リースリングとメルロに重きを置いている。また、かつて懸案であった水の確保は、当時のポンプアップが今でも活用されていて、平成二二年の日照りの時も問題はなかったという。これに現在はスプリンクラーも設置されている。土壌は、粘土質に砂利質が適度に混じり合っている。粘土質主体であるため、特にメルロとの相性がよく、糖度は二三度と、補糖がいらない水準を確保できる。

現在のホーライサンワイナリーの生産量は、七二〇ミリリットル換算で年間四万本。価格帯と使用品種によって、「富山ワイン」「北陸ワイン」「立山ワイン」と名付けられたラインアップとなっている。また、マスカット・ベリーAを一〇〇パーセント使った新酒ワインが、毎年コンスタントに九〇〇〇本近く販売されている。

醸造設備は、ワイナリーの歴史を感じさせる、かなり旧式のものが並ぶ。中には、隣の新潟県にある岩の原葡萄園から譲り受けたという木製の圧搾機があり現在も現役で活躍している。また、発酵タンクもかなり年季の入ったものが多く、木製のふたが今でも使われている。醸造を終えたワインは、コンクリート製のワインセラーで貯蔵・熟成される。このワインセラーも戦前にできたものであり、以前は低温発酵を行うための醸造設備が置かれていた。そのひんやりした空間に身を置くと、川上善兵衛が開設した岩の原葡萄園の石蔵と共通の空気を感じることができる。

ワイナリーには販売所が併設されており、ここでワインを試飲することができる。ホーライサンのワインは、どれもみずみずしい印象である。北陸の海の幸・山の幸との相性も優れている。ワイナリーでは、ＰＲにも力を入れ、生食用の観光ぶどう園を併設しているメリットを生かして、八月中旬～一〇月上旬にブドウ狩りを実施して知名度アップを図っている。また、毎年九月の第二日曜日には「収穫祭」と銘打ち、ブドウ棚の下でワインを楽しむ集いを開催している。この日は地元の愛好家を中心に、多くの観光客でにぎわいを見せるが、この日に合わせて提供されるのが、「パラディワイン」と名付けられた醸造途中のワインである。

パラディワインは、かつて重徳がドイツを旅行した際、現地のワイナリーで振る舞われているのを見て取り入れたという。ちょうど平成二年から酒税法が改正され、発酵途中のタンクから抜き取って、一般にも提供することができるようになった。アルコール度数は四～五度で、リースリングとメルロが使われている。この一日に発酵状態をぴったりと合わせるべく、ベストな時期に収穫作業を行うのが重徳の腕の見せ所である。

京浜・京阪のような大都市から離れた立地条件にあるワイナリーは、近隣に大消費者層がない。この一〇年でかなり変わってきたものの、ワインを日常消費する習慣のない日本の地方のワイナリーは、経営の維持に苦しめられる。島根ワインのような大観光地がある場合は別として、地方のワイナリーは安定的な消費・贈答層の確保という厚い壁と闘わなければならない。そうした点でこのワイナリーが長年にわたって経営を維持し続けてきたということ自体が注目に値するし、他の地方のワイナリーにとって、ひとつの見本になる。なぜこのワイナリーが続いてきたのか、本稿にその鍵が隠されている。

古き良き伝統と新しい技術の融合。そこから生まれる、けれんみのないワイン。北陸富山の地にこのようなワイナリーがあることを、もっと多くの人々に知ってもらいたい。

（丸山高行）

ワインリスト（容量は七二〇㎖。価格は税込み）
立山ワイン赤（やや辛口）マスカット・ベリーA　一四〇〇円
立山ワイン白（中口）甲州　一四〇〇円
立山ワインロゼ（中口）マスカット・ベリーA　一四〇〇円
北陸ワイン（赤）マスカット・ベリーA、カベルネ・フラン　一五〇〇円
北陸ワイン（白）シャルドネ、リースリング　一五〇〇円
富山ワイン（白）リースリング　一五七五円
富山ワイン（ロゼ）マスカット・ベリーA　一五七五円
新酒（赤）マスカット・ベリーA　一四七〇円

石川県

能登ワイン――能登の広大な畑から生まれる新世代のワイン

北陸の富山県と石川県にまたがり、日本海に突き出た半島が能登半島である。能登半島は、半島の東側と西側でまったく異なった表情を見せる。一言で表現すれば、東側は「静」、西側は「動」となる。

東側は富山湾に面するため、比較的波が穏やかである。もちろん、冬の海は険しい表情を見せるが、春から夏にかけての穏やかな日に富山湾に小島が浮かぶ光景は、一幅の絵画を見るようである。逆に西側は外海、日本海に面し、荒々しい海岸線が続く。能登半島のほぼ中央部、富山湾側に穴水の町がある。その穴水から山あいに入ったところに、石川県唯一のワイナリー、能登ワインがある。

能登ワインの最寄り駅は、ＪＲ七尾線の和倉温泉駅を起点とする「のと鉄道」の終着駅、穴水駅である。のと鉄道は、かつてはＪＲ七尾線・能登線として運行されており、七尾線は輪島まで、能登線は能登半島の先端、蛸島まで路線が延びていた。今は穴水から先は廃止されてしまったため、能登ワインへは穴水駅からバスを利用することになる。ホームページには、能登中央バスの奥能登線に乗り、市の坂バス停で降りて歩いて一〇分程度とあるが、バスの本数は少ないので、タクシーを利用すれば、穴水駅から一五分程度の距離である。空路なら近くに能登空港があるため、空港から「ふるさとタクシー（能登空港発着便に合わせて運行される乗り合いタクシー）」を利用すれば、三〇分弱で到着する。現在、羽田空港と能登空港間は全日空便が一日二便運行されており、ちょうど一時間のフライトである。

そもそも能登ワインは、能登空港とのつながりが深い。空港の開設が平成一五年。当時、開港を控えた地元の穴水町には目立った観光資源がなかったため、町は特産品として地元産のワインを造ることを思い立ち、一三年、まずはワイン用ブドウの栽培用地として、穴水町にある開拓地に白羽の矢を立てた。この地は「四季の丘」と呼ばれ、元は小学校の跡地となっていた。標高は一五〇メートルほどであるが、台風の被害が少なく、降雨量、降雪量もそれほど多くはない。寒暖差も得られるため、ブドウの栽培地としては比較的好条件を備えていた。土地の確保は順調に進んだが、ブドウ栽培は初めての経験だったため、小樽市の「北海道ワイン」に相談。北海道ワインからは、この要請に応える形で、同社OBの豊田寛が、夫人とともに能登の地へ赴くこととなった。

穴水町は、豊田のアドバイスを受け、ワイン造りの基礎固めを開始する。平成一三年頃から現在のワイナリーの畑にブドウを植え始め、醸造の準備を進めた。しかし、採算性の面から北海道ワインは醸造所を建設することを断念。穴水町は、この事業を継続するために農協や民間企業の出資を仰ぎ、平成一六年、醸造会社である能登ワイン株式会社を設立した。その後、一八年には、国からの助成も仰ぎ、三億二〇〇〇万円をかけて醸造施設の建設にこぎつけている。

能登ワイン株式会社の代表者は、村山隆。村山は、地元の土建会社経営からワイナリー経営へ転進した。現在の社員は九名だが、中心人物として、常務取締役の新田良孝がいる。新田は能登ワインの立ち上げ当初からプロジェクトに参画し、村山とともにこの会社の礎を築いた。その他、醸造責任者の吉田穣、営業課長の川端俊樹、総務課長の米田由香利、総務主任の湯口和子らが主要メンバーである。

能登ワインは、設立の経緯からうかがえるように、地元能登産のブドウに強いこだわりを持っている。自社と契約農家を合わせておよそ二〇ヘクタールという、日本のワイナリーとしては比較的規模の

小高い丘に建つ能登ワイン

大きい畑から一〇〇トン前後のブドウを収穫し、年間一〇万本のワインを生産している。畑は1番園から7番園まであり、緩やかな丘陵地帯に視界の奥までブドウ畑が広がっている風景は、まるで北海道の光景かと見紛うばかりである。北陸の地にワイナリーがあること自体、一般にはあまり知られていないので、これほどの敷地と生産量を持つワイナリーの存在は驚きである。

栽培されているブドウの種類はかなり幅広い。平成二三年八月時点で約二〇品種、すでに製品化されているレギュラー品種が一〇～一二品種となっている。最も生産量が多いのが、白ブドウではセイベル９１１０、黒ブドウではマスカット・ベリーAとヤマ・ソーヴィニヨンである。他に、白ブドウではシャルドネ、ミュラー・トゥルガウといったヨーロッパ品種を、また、黒ブドウではセイベル１３０５３、サンジョヴェーゼ、ツヴァイゲルトレーベなどを生産している。

ブドウ栽培はヨーロッパの技術を積極的に取り入れ、垣根栽培が中心である。また、特に土壌改良に力を入れており、元々粘土質の土壌に牛糞などを加えて地力を高めている。さらに、地元の穴水湾で採れる牡蠣殻をブドウの根元にまくことによって、ミネラル分が豊かで、シャープな味わいのワインを生み出す努力を重ねている。牡蠣殻は、三〜五年に一回の割合で、順番に各畑にまく方式をとっている。その他、暗渠の設置により、水はけの改善にも取り組んでいる。動物の被害は比較的少なく、サル、クマは出没しない土地である。ただし鳥が天敵で、特にムクドリの被害が多かった平成二二年は、目立って収穫量が落ちたという。

醸造タンクは一二本。一万リットルが八本、五〇〇〇リットルが四本という構成である。今後、さらに二、三本、タンクを追加する計画もある。常務取締役の新田は、ワインの材料だけでなく製法についても、「能登ならでは」にこだわりを見せる。原則、低温加熱処理（パスツーリゼーション）を施さず、生ワインに近い状態で瓶詰めされる。特徴あるワインとして、サンジョヴェーゼ・ブラッシュがある。これは、黒ブドウのサンジョヴェーゼを白ワインとほぼ同じような醸造方法で仕立てたものである。その他、ピノ・ノワールにもトライしており、現在はヌーボー・ワインにブレンドされている。

能登ワインは資本金六〇〇〇万円でスタートしたが、設立当初は赤字続きで、苦労の連続であった。近年はワイン以外にも、地元企業と連携して、ワインを搾った時に出るブドウ果皮を材料とした石鹸や菓子、ジェラートなどの販売に力を入れ、平成二二年度決算でようやく黒字を確保した。

ワインそのものも、近年、評価が高まりつつある。国産ワインコンクールにおいて「マスカット・ベリーA ロゼ（甘口）」が、２００７年産から２００９年産まで三年連続で銅賞を取っている。また、山ブドウの交配品種であるヤマ・ソーヴィニヨンを使った「心の雫」の２００９年産も、銅賞を取った。

さらに平成二一年より、フラッグシップワインとして無濾過・無清澄の古式製法にのっとった「クオネス」の発売を開始した。クオネスとは、クオリティの高さと繊細さの意味を込めた造語である。単価は五二五〇円とハイレベルだが、品質もそれに見合うものという評価が得られつつある。国産ワインコンクール２０１１では、２００９年産が銀賞を受賞した。

能登ワインの急成長ぶりは、業界関係者、特に山ブドウ関係者も大いに注目するところである。成長のカギを考えた時、次の三つの要素が浮かび上がってくる。

第一は、技術力の高さである。確かに、穴水町の全面的バックアップを受け、醸造設備は最新のものを取りそろえているが、良いワインは、それだけでは生まれない。やはりハイレベルの「クオネス」を造るべく技術力を磨いたことが、全体のレベルアップにつながっているのではないか。

第二に、栽培管理の努力が挙げられる。二〇ヘクタールという広大な畑を現在の陣容で管理するためには、大変な労力が必要であると推察される。契約栽培に頼ることなく、目の届く範囲で少しでも良いブドウを作ろうと努力を重ねる。そうしたブドウとの密なるコミュニケーションが、ブドウを通じてワインにも少なからず伝わっているはずである。

第三は、やはりチームワークだろう。能登の自然を愛し、能登の恵みを結集したワインを少しでも多くの人に届けたい。そうした思いや目標を共有する仲間が支え合って高品質の能登ワインを生み出している。誰かひとりが突出するのではなく、チームワークを生かしたワイン造りは、ワインの味のバランスの良さにつながっているのではと思われてくる。

能登という土地柄に、ワイン産地のイメージが湧きにくいことは否めない。ワイナリーとしてはＰＲに力を入れている。収穫時期には地元の特産、「能登牛」とタイアップし、「牛&ワインまつり」を毎年開催。多くの来場者でにぎわいを見せる。年会費一口一万円で会員になれば、一万二〇〇〇円相当のワインが届けられるという、能登ワイン友の会「和飲会」を創設し、ファン層を広げることに余念がない。

平成二三年、能登地方全体が世界農業遺産として登録された。能登の自然全体を指定したものである。こうした機運を追い風とし、過疎化に悩む地方の活性化のため、今後の能登ワインの発展に期待したい。

（丸山高行）

ワインリスト（主要製品。容量は七二〇㎖。価格は税込み）

マスカットベリーＡ（赤・辛口）一二八〇円
ヤマソーヴィニヨン（赤・辛口）一五二二円
メルロー（赤・辛口）二〇〇〇円
樽熟成「心の雫」（赤・辛口）ヤマ・ソーヴィニヨン主体　二七三〇円
クオネスヤマソーヴィニヨン（赤・辛口、フルボディ）五二五〇円
セイベル９１１０（白・中口）一五二二円
シャルドネ（白・辛口）二〇〇〇円
サンジョベーゼ（ブラッシュ・中口）一五二二円
マスカットベリーＡ（ロゼ・甘口）一二八〇円

福井県

白山ワイナリー――山ブドウにこだわる福井県唯一のワイナリー

「白山ワイナリー」は、福井県の東部、奥越前と呼ばれる経ヶ岳山麓にある、福井県唯一のワイナリーである。経ヶ岳は日本三百名山の一つであり、その背後には名峰、白山がそびえている。

ワイナリーの所在地は、福井県大野市落合。車なら、北陸自動車道福井インターで降りて六〇分程度でワイナリーに到着できる。JR利用の場合、福井から出る越美北線に乗り、越前大野駅で降りてタクシーで約二〇分の距離である。ワイナリーの地元の越前大野は北陸の小京都と呼ばれ、四〇〇年を超える歴史と文化を今に受け継ぐ城下町である。越前大野は名水の町としても知られ、清らかな水と豊かな自然を求めて多くの観光客が訪れている。

ワイナリーの設立は、平成一二年秋と新しい。オーナーは、「株式会社白山やまぶどうワイン」の代表取締役谷口一雄。完全な個人経営のワイナリーであり、谷口は「農業法人白山やまぶどうワイン」の代表も兼ねている。ブドウ栽培は農業法人、ワインの醸造は株式会社が行っている。白山ワイナリーの特徴は栽培品種にある。白山ワインは土着の山ブドウに強いこだわりを持つ。

谷口と山ブドウとの出会いは、幼少時代にさかのぼる。谷口は、現在ワイナリーがある大野市出身であるが、母親の出身地が大野市の北隣にある勝山市の北谷地区であった。北谷地区は現ワイナリーの場所よりさらに山間部で、白山の登山道の一つにあたる。近年、付近から恐竜の化石が見つかり、県立恐竜博物館が設けられた。谷口は、母親とここに里帰りするたびに、しばしば山ブドウが数多く自生している光景を目にしていたという。こうした記憶が、後の山ブドウ関連ビジネスの立ち上げにつながった。最初の発想は、山ブドウを使って、ジュースやジャムといった地域特産品を開発するというものであった。ただし、栽培は初めての経験であったため研究を進めるうちに、澤登晴雄の存在を知る。

澤登は、日本における山ブドウ研究の第一人者である。谷口は直接澤登を訪ね、教えを乞うた。その過程で澤登より、岩手の葛巻ワイン、山形の月山ワイン、岡山のひるぜんワインの取り組みを紹介される。こうした先達が山ブドウを用いたワイン醸造を手がけている事実を知って、谷口も自身のビジネスの中核にワインの製造・販売を置くことを決意する。

谷口が山ブドウ・ビジネスに取り組み始めた当初、栽培地は勝山市であったが、ワイン醸造を決定するとともに栽培地を現在の大野市に移転。平成九年、農業法人白山やまぶどうワインを設立し、一二年、念願の果実酒製造免許の取得にこぎつけた。

山ブドウは土着品種でありながら、なかなか栽培の難しい品種でもある。特にヴィティス・コワニティという特殊な系統に属するため、一般のワイン用ブドウ品種にない多くの特異性を持つ。

元来が野生の品種であるため、ワイン用のブドウ品種と比べて果汁の量が極端に少ないという難点がある。山ブドウの実は皮が厚く、種も大きい。その結果、搾汁率が六割以下となってしまうため、一本の樹から採れる果汁収穫量もおのずから少量となってしまう。また、果汁にタンニンが強すぎ、ワインにすると荒いものになってしまう。また、樹勢が極めて強いため、剪定にも工夫を必要とする。頻繁に枝を切るとわき芽が伸びて収拾がつかなくなり、しかも厳しく剪定すると実がつかない。ブドウの周りの葉を注意深く剪定して、コントロールする必要がある。こうした特性は、すべて栽培に取り組んで

白山ワイナリー外観

から身を持って把握したと谷口は語る。試行錯誤を重ね、悪戦苦闘しながら山ブドウ栽培を根付かせてきた過程では、山ブドウ栽培を手がける他のワイナリーとの交流が大きな助けとなった。

山ブドウは野生品種ゆえに病気に対する抵抗力も強いはずであるが、白山ワイナリーのある大野市は、他の山ブドウ栽培地と比べ、栽培の難しい条件を備えた土地かもしれない。土壌は火山灰土主体で降水量が比較的多いことから、年間を通して湿度が高い。また、ワイナリーのある土地は標高三〇〇メートル程度であるため、昼夜の寒暖差も少ない。

このような地で、谷口は根気よく山ブドウ栽培に取り組んでいる。現在、ワイナリーが直接管理する自社畑は四・五ヘクタール。他に福井県内の契約農家からブドウを仕入れるとともに、一部は山梨県から調達し、国産ブドウ一〇〇パーセントのワイン造りを推進している。

山ブドウの栽培は垣根栽培で行っている。樹勢が強く、葉も大きい山ぶどうの垣根は、二メートルほどもある。ワイナリーの周りを山々が取り囲んでいるため、ウサギやタヌキ、シカなどの獣害対策も必要である。現在は、金属製のネットを張って微量の電流を流す方法を取り入れている。

ワイナリーで栽培されている品種は、山ブドウが主体だが、他にヤマ・ソーヴィニヨン、ヤマ・ブラン、ワイングランドなどの山ブドウ交配品種も手がけている。現在は、澤登の開発種、小公子の栽培に力を入れている。小公子は、酸味主体で野性味の強い山ブドウワインに比べ、酸味と甘味のバランスのとれた、上品なワインにつながる可能性が期待されている。

現在のワインの生産量は、七二〇ミリリットル換算で年間約三万本弱。現在は福井県内が主たる販売先であり、売り上げは四〇〇〇万円台程度である。ピーク時は五五〇〇万～五六〇〇万円（平成一九年度）あったといい、更なる販売増が目下の課題である。

醸造責任者は、南部隆保である。南部は、南部酒造という、福井県の銘酒「花垣」を造る日本酒メーカーの代表取締役である。ワイナリー立ち上げ当初は、一年程度、ワインの醸造コンサルタント、増子敬公に教えを受けながら、南部が長年の日本酒醸造で培ったノウハウをワイン造りに生かした。現在は、谷口も醸造技術をマスターして、独自の工夫も加えている。たとえば熟成樽は、山ブドウとの相性を考え、フランス・コニャック地方のスガモロ社のオーク樽を使用している。

醸造タンクはステンレス製で、五〇〇〇リットルが一本、二〇〇〇リットルが六本、一〇〇〇リットルが二本という構成である。山ブドウ醸造の際は、やはり酸のコントロールが決め手となるが、マロラクティック発酵によって調整している。

社員数は、パート二名を含めて六名。社員は、農業法人白山やまぶどうワインと株式会社白山やまぶどうワインの両社共通である。株主には、醸造長の南部も名を連ねている。

ワイナリーを訪れてみると、アットホームな雰囲気に、好感が持てる。ワインの味わいはブドウの個性を生かしつつ、クリーンでみずみずしい印象である。平成一七年以降、国産ワインコンクールで受賞を重ねるなど、近年ワインに対する評価も着実に高まっている。

谷口は、山ブドウの地ワインは、地元の食材や郷土料理との相性が良いと言う。福井の大自然と山ブドウのオリジナリティーが今後どのような形でワイン造りに生かされていくか。山ブドウの限界をどうやって乗り越えるか。将来を期待したいワイナリーのひとつといえる。

（丸山高行）

ワインリスト（容量は七二〇㎖。価格は税込み）

白山ルージュ（赤・やや辛口）ワイングランド、マスカット・ベリーA　一六八〇円

白山ブラン（白・ほんのり甘口）ヤマブラン、甲州　一六八〇円

白山ロゼ（やや甘口）ワイングランド、マスカット・ベリーA　一六八〇円

白山やまぶどうワイン樽（赤・辛口）山ブドウ　五五〇〇円

YAMABUDOU&MBA（赤・辛口）山ブドウ、マスカット・ベリーA　二七八〇円

小公子（赤・辛口）二二〇〇円

アズッカ エ アズッコ――イタリア帰りの若夫婦が豊田の地で目指す「自分たちのワイン」

まだ若い夫婦が懸命にブドウ造りに取り組んでいる。醸造設備はまだなく、委託醸造をしているからワイナリーとはいえないが、ワイナリー作りを目指す人にとって、そのステップのひとつのモデルとして紹介する価値はあるだろう。

畑は、愛知県の岡崎市の北になる豊田市の勘八町にある。JR名古屋駅から市営地下鉄東山線で伏見駅か、JR中央本線多治見方面行きで鶴舞駅まで行き、鶴舞線豊田市行きに乗り換えて梅坪駅で下車。所要時間は約一時間。梅坪駅からは車で三〇分ほど。かなりわかりにくい場所だが、いろいろな畑がある中を進んで山奥へ入り、車がようやく一台通れるかどうかの狭い山道を抜けると、突然山の斜面に垣根式のブドウ畑が広がった。

二人は「キアンティに似ている！」と思ったそうだ。一帯は猿投山麓から乙部にかけての丘陵地帯。かなりの斜面で畑の向きはさまざま。一ヘクタールの畑で毎日作業をしているのは須崎大介とあずさ。七歳の娘と五歳の息子の二人の子供を持つ三〇代の夫婦だ。山の緑に囲まれた畑の周りには人も民家も見当たらない。

愛知県豊田市出身の大介と長野県出身のあずさが出会ったのは東京の中央大学。大介は一人で一カ月間イタリアを旅行した時、トスカーナのブドウ畑を見ていつかこういうところで働きたいと思ったという。大学を卒業後、あずさは法律家を目指して勉強を続け、大介は地質調査と測量の会社に就職して高知県に赴任する。しかし「やっぱり畑で働きたい」という思いが徐々に強くなった大介はあずさに相談。働くならイタリアだ！と決めた二人は結婚。一カ月後の平成一二年六月にイタリアへ飛び立った。

最初の一年間はシエナ外国人大学でイタリア語を学び、イタリア各地を回る。その間に「二人で働かせてほしい」という手紙を二〇〇軒ものワイナリーに送り続けた。その甲斐あって、トスカーナのキアンティ・クラッシコ地区のカーザ・ソーラというワイナリーで六カ月間働くことがかない、二〇ヘクタールの農地で芝刈りやオリーヴの収穫なども手伝いながら、ブドウ栽培から醸造までをひと通り体験した。次に二人を受け入れてくれたのはボルゲリ地区の南、ティレニア海沿いのスベレートにあるブリケッラというワイナリー。ここはイタリアの著名なカーデザイナー、ジウジアロと共同でデザイン会社を経営していた宮川秀之がオーナー。世界中の若者を農作業体験で受け入れている。すぐ隣はトゥア・リータという新興の有名な作り手。「レディガッフィ」というワインで名を上げていた。時は一九九〇年代の終盤、既成の枠を超えたスーパータスカンに世界中の注目が集まっている時で、その造り手たちの熱や勢いを間近で感じながら一年半を過ごした。最初に修業をしたキアンティ・ク

須崎大介とあずさ

ラッシコ地区は伝統的なワイン造り、海側の地域は先進的なワイン造り。その両方の対照的なワイン造りを経験できた。

そして平成一五年に帰国。日本の事情を何も知らなかった二人は、「農家でないと農地は貸せません」「農地がないと農家にはなれません」と、現実に引き戻される。しかし運よく、豊田市の「農ライフ創生センター」で二年間の農業研修を受けると一〇アール以上の土地を貸すというプログラムに参加することができた。

大介が、ワイン造りに関しては全く未知数の豊田という土地にこだわったのは、自分が生まれ育った場所でできることをやればいいと思ったから。最良の土地ではないかもしれないけれど、ここでできたものを飲んでもらえればよいと思った。

大介は早速研修を受け、その傍ら、広島県の酒類総合研究所のワインコースを受講したり、長野県の城戸ワイナリーや山梨県の旭洋酒で栽培や醸造を手伝ったりしながら修業した。城戸ワイナリーの城戸亜紀人も同じ豊田市の出身だった。その間あずさと二人で土地探しにも奔走していたが、折しも平成一七年、市が山間部の町村と合併し市営牧場を閉鎖することになったので、その跡地を約三ヘクタール借りられることになった。

平成一八年、二人は一六〇〇本ほどの苗木を植えた。シャルドネが八〇〇本、カベルネ・ソーヴィニヨンとプティ・ヴェルドがそれぞれ三五〇本、サンジョヴェーゼが一〇〇本。城戸との会話や書籍、インターネットから得た情報を基に、まずは暑い豊田の土地でもうまく育ちそうな品種を選んだ。花崗岩の多い土壌だが、斜面だということもあり水はけはよい。今はこの四品種に加え、イタリアの品種であるトレッビアーノやマルヴァジアなども栽培しており、三〇〇〇本ほどに増えている。今後もいろいろな品種を試していくつもりだ。

ファーストリリースは２００８年。三年目の２０１０年の収穫量はおよそ三・六トン、そこから約二キロリットルのワインを醸造している。醸造の委託先は城戸ワイナリーと、近くのワイナリーである多治見修道院。白はシャルドネ単品種で、樽仕込みとステンレス主体とのタイプ違いを二種類作り、赤は２０１０年はカベルネ・ソーヴィニヨンを中心としたブレンド。２００９年まではサンジョヴェーゼ主体や、プティ・ヴェルド単体のものも造った。樽で長く熟成させる余裕がまだないので、六月と一〇月の年二回、赤も白もリリースして早々に売り切ってしまうが、将来的にはリゼルヴァ・クラス（上級もの）も造りたいと思っている。

畑から三〇分ほどの豊田市大平町に二人の自宅があり、その敷地内に「森のワインショップ」と名付けたかわいらしい店舗がある。週末のみのオープン。インターネットやＦＡＸによる注文受け付けも行っている。ワインの外見や名前にもこだわり、自分たちのスタイルとメッセージをセンス良く表現しているところが、若いファンに受けているようだ。

「アズッカ　エ　アズッコ」という名前は、シエナにいた時の下宿の女主人マリーザの孫娘が、あずさの名前をイタリア風にアズッカと呼び、女の人がアズッカなら、男の人はアズッコだね、と二人を呼ぶようになったことにちなんでいる。

次のステップは醸造所を持つことだが、醸造免許取得条件の年間生産量六キロリットルの壁がある。資金繰りも容易でない。豊田市が彼らに興味を持ってくれ、豊田をワイン特区として申請できないかなどという話も、農政課としているそうだ。
「約束の地であるより、むしろ小さな可能性の積み重ね、加算方式のほうが僕らには合っている」と、気負うことなく、自分たちのスタイルでブドウを栽培し、できる範囲でワインを造って売っていく。彼らの一途な歩みを、一緒に追っていくのも面白いと思う。

（大滝恭子）

ワインリスト　（容量は七五〇㎖。価格は税込み）

アズッカ エ アズッコ　2010　ティラミ　スゥ〝エール：励まし〟（赤）カベルネ・ソーヴィニヨン八〇％、プティ・ヴェルド二〇％　三三六〇円

アズッカエアズッコ　2010　ドゥエ　ステッレ i〝ふたつ星 i〟（白）　シャルドネ一〇〇％　三六七五円

アズッカエアズッコ　2010　ドゥエ　ステッレ f〝ふたつ星 f〟（白）シャルドネ一〇〇％　三六七五円

アズッカエアズッコ　2010　オッキ ネーリ〝黒い瞳〟（赤）プティ・ヴェルド　一〇〇％　価格未定

アズッカ エ アズッコ　2010　ピアンジェリー〝泣き虫天使〟（白）シャルドネ、トレッビアーノ、マルヴァジア（少々）　価格未定

第二章　近畿地方のワイナリー

滋賀県

琵琶湖ワイナリー──伝統の酒造り技術と国産ブドウのコラボレーション

琵琶湖ワイナリーは、琵琶湖の南東、草津市に本社を構え、兵庫県の灘に蔵を持つ太田酒造が保有するワイナリー。本社のある草津より東へ五キロメートルに位置する栗東市浅柄野に、自家ブドウ園と醸造施設がある。

ワイナリーへのアクセスは、東海道新幹線の京都駅よりJR東海道本線で米原方面に向かい、快速で約二五分、草津駅で下車する。ここからタクシーで約二〇分。車であれば、名神高速道路を栗東インターで降り、国道1号線を京都・大津方面に南下、草津三丁目の交差点で左折して県道二号線を東に向かう。名神高速道路を越えてすぐに左折して県道一一三号線に入り、川沿いに進み、最初の橋で右折する。そのまま進むと正面右手にワイナリーのサインが見えてくる。

太田酒造の当主である太田家の家系をたどると、江戸城を築いた太田道灌に行き着く。江戸時代に、太田道灌から数えて六代目の太田文四郎正長が三代将軍家光の内命を受け、近江草津に移住することになった。近江草津は、東海道と中山道が交わる交通の要衝で、東海道五十三次の五二番目の宿場町として栄えていた。そこで、太田正長は表面では貫目改所、人馬継立所の公的機関としての役目を果たしながら、いわゆる「かくし目付」として街道の動静を見張る役目も果たしていた。その貫目改所跡地に、太田酒造の本社が立っている。

太田家が酒造りを始めたのは約一三〇年前の江戸末期。当時の所領から年貢米として収められる良質

ワイナリーの正面。傍らにはこの場所の由来をつづった説明板が

な近江米を有効利用するために、酒造りを始めたといわれている。昭和二二年には関東進出の拠点として東京営業所を開設、昭和三七年には灘に酒造場を完成させ、酒造家として発展していく。

　ワイン造りは、第二次大戦中、国からの要請で酒石酸を得るために行われたのが契機となっている。終戦後の昭和二〇年一二月に、食糧増産のため、久邇宮家より御料林三二ヘクタールを貸し下げられた。そこに、浅柄野開拓農場指導所を開所し、人材の育成と山林を伐採し開墾作業を行い、ブドウ園を造った。しかし、昭和二二年臨時農地法施行のため、開墾したブドウ園は不在地主とみなされ、収用されてしまう。

　その後、昭和二五年に七ヘクタールの一部返還を受け、昭和三四年にはブドウ酒製造免許を受け、ワイナリーとして正式にスタートする。それからも、少しずつブドウ園を増やし、その中に醸造施設を建設し、今に至っている。「ワイン造りはブドウ作り」と、ブドウ栽培に最適な土壌づくりを目指し、土壌を約一メートル掘り返す「天地返し」の大作業を行い続けた。その成果もあり、粘土質でありながら軟らかい土壌のブドウ園となっている。

その自家農園では五名のワイナリースタッフが、マスカット・ベリーAやヤマ・ソーヴィニヨンなどの日本固有開発種の黒ブドウに加え、欧州系のカベルネ・ソーヴィニヨンや米国系のステューベンの栽培を行っている。白ブドウには、リースリングやセミヨンの欧州系に加え、川上善兵衛交配の珍しいレッドミルレンニュームなどを栽培している。除草剤を一切使わず有機栽培しているためか、野生の動物による被害も多い。シカ、タヌキ、イノシシなどにブドウの新芽や実を食べられたり、せっかく植えたブドウの苗木を根こそぎ取られてしまったりすることもあり、ネットや柵などにより厳重に守っている。こうして栽培された自家農園一〇〇パーセントブドウを園内にあるワイナリーで醸造し、地下にあるセラーで主に瓶によって熟成させている。また、自社ブランドのみではなく、大津プリンスホテル、琵琶湖ホテル、ロイヤルオークホテル スパ&ガーデンズ等地元のホテルのオリジナルワインを造るなど、活発にビジネスも展開している。

現在の社長である太田精一郎は、酒造り・営業に加え、一年間フランス各地を回って勉強した経験などを生かし、熱意を持ってワイナリー事業を進めている。収獲期や醸造期には、社長自らワイナリーに赴き、日本酒の醸造技術や経験を融合させたワイン造りを行っている。

琵琶湖ワイナリーでは、大幅なワインの増産を計画している。まず、天地返しをさらに行い、ブドウ園を約五ヘクタール広げている。また、四〇年にわたりブドウ園で続けてきた「ブドウ狩りと国産牛のバーベキュー」や生食用ブドウの販売をやめ、ワイン醸造のためのブドウ作りに専念する。これらにより、自家農園のワイン用ブドウの収量を大幅に増やすことになる。さらに、国内から良質なマスカット・ベリーA、カベルネ・ソーヴィニヨン、そしてシャルドネなどを仕入れ、自家農園一〇〇パーセントワインに加え、国産ブドウによるワインも始める。

この増産計画の一部として、新たな醸造施設と二二五リットルの樽を二五個以上も置ける貯蔵施設の建設が進行中で、平成二三年中には完成する予定だ。これにより、琵琶湖ワイナリーは日本では減少している中規模ワイナリーとして、また大きな一歩を踏み出すことになる。伝統の酒造りの技術、自家農園や国産ブドウ、そして日本酒だけではなくワイン、ブランデー、焼酎など多角的な酒造りを展開してきたビジネスのノウハウが融合し、どのような成果が上げられるのかが楽しみなワイナリーだ。

（木下英明）

ワインリスト（容量は七二〇㎖。価格は税込み）

浅柄野ヤマ・ソーヴィニヨン（赤・辛口）二二〇五円
浅柄野マスカット・ベリーA お江ラベル（赤・辛口）一三六五円
浅柄野マスカット・ベリーA（赤・辛口）一一五五円
浅柄野セミヨン（白・辛口）一一五五円
浅柄野レッドミルレンニューム（白・甘口）一三六五円
シャトー・コート・ド・ビワ（赤・辛口）マスカット・ベリーA、カベルネ・ソーヴィニヨン　一六八〇円
シャトー・コート・ド・ビワ（白・辛口）リースリング、レッドミルレンニューム　一六八〇円
琵琶湖ワイン（赤・辛口）マスカット・ベリーA、カベルネ・ソーヴィニヨン　一一〇二円
琵琶湖ワイン（白・中口）レッドミルレンニューム、セミヨン　一一〇二円

滋賀県

ヒトミワイナリー――こだわりの「にごりワイン」との一期一会

琵琶湖の南東へ約二五キロメートル、もみじの名所として名高い永源寺がある東近江市にヒトミワイナリーはある。アパレル企業「日登美」の創業者図師禮三が引退して、故郷に自ら収集した美術品を展示する日登美美術館（英国人陶芸家、バーナード・リーチのコレクションが中心）を建てると同時に、ここでしかできないワインを造りたいと、平成二年にオープンしたワイナリーである

ワイナリーへは、東海道新幹線の京都駅からJR琵琶湖線に乗り換え近江八幡駅へ。さらに近江鉄道に乗り換え八日市駅下車、近江バスで三〇分ほど東に向かうと到着する。名古屋・東京方面からの場合は、東海道新幹線の米原駅から近江鉄道に乗り換え、八日市駅から近江バスとなる。車であれば、名神高速道路八日市インターで降り、国道四二一号線（八風街道）を東へ約一五分走ると到着する。

ワイナリーはモダンな建物で、天窓から差し込む光が店内全体を適度な明るさに保っている。一歩足を踏み入れると、併設しているパン工房の天然酵母パンの香りに迎えられ、自然と店内へ引き込まれる。そしてさらに奥へ進むと、左手にテイスティングコーナー、正面にワインのディスプレイ、そして右手には洋服、食器、小物などの商品が置かれているコーナーがある。

ワイナリーの執行役員であり醸造人の岩谷澄人は、アパレル企業に入社後、図師禮三の熱い思いに動かされワイン造りに関わっていくことになる。京都の丹波ワインでの一年間の研修期間は、ワイン以外は飲まずにワインの研究に没頭したそうだ。その後も、東京農業大学名誉教授の小泉武夫などからの指

ヒトミワイナリーのエントランス

導などを受け、常に改良を重ねている。

約一・五ヘクタールの自家農園では、シャルドネ、カベルネ・ソーヴィニヨン、メルロ、ピノ・ノワール、シラー、マルベックなどの欧州系ブドウや、カベルネ・サントリー、リースリング・リオン、ヤマ・ソーヴィニヨンなどの日本固有のブドウの栽培を手掛けている。農薬使用も年間約四回と必要最小限に抑え、一文字短梢仕立ての栽培方式を行っているのもひとつの特徴である。自家農園以外には、県内にある約一〇・五ヘクタールの契約栽培農家からはシャルドネやシラーを、その他は東北、主に山形からマスカット・ベリーA、キャンベル・アーリー、デラウェア、ナイアガラ、巨峰などを、ワインの原料として提供を受けている。

これらの健全なブドウを、小さな除梗・破砕機で茎や梗などを丁寧に取り除き、小型圧搾・搾汁機を使って風味を損なわないように優しく果汁を搾り、低温でゆっくりと発酵させてと、心のこもったワイン造りが始まる。補糖や補酸をできるだけしないなど、可能なかぎりブドウ本来のポテンシャルにかけたワイン造りを心掛けている。

ヒトミワイナリーの最大の特徴は、ワイン醸造の過程で試飲をした時、「独特な風味で、おいしい！」という発見から生まれたワインの醸造方法にある。それは、アルコール発酵によって生成される酵母などの澱を一緒にしておき、そのまま瓶詰めする方法である。このシュール・リーの進化系ともいえる熟成方法は、食物繊維や酵母からアミノ酸などの自然の旨味成分がワインに還元され、複雑な味わいを持ったワインを造り出している。濾過をしないため「にごりワイン」と呼んでいるが、瓶底に沈殿する澱以外には、透明度は少し低下するのみで通常のワインとほぼ同じように見える。この方法により味わいに深みが増している。それが年間降水量一五〇〇ミリメートルという地域性や、生食用ブドウによるワイン醸造という難点を補っているのかもしれない。

にごりワインに含まれる食物繊維が目詰まりを起こすために通常の瓶詰めラインは使えず、こうして出来上がったワインを、手詰め式瓶詰機を使い一本一本丁寧に瓶詰めを行う。そして、殺菌する為の湯せんへと工程は進む。年間六〜七万本ものワインを三人で瓶詰めを行うため、指や腕がパンパンに腫れ上がることや湯せんの最中に瓶が爆発することもあるそうだが、そこまでして「にごりワイン」のおいしさを伝えていきたいという情熱は特筆に値する。

小規模のワイナリーとはいえ、生産されるワインの種類は多く、辛口や甘口の赤ワインと白ワイン、田舎式と、トラディショナル方式の二つの製法によるスパークリングワイン、ブドウ以外の果実で造られたワインなど、かなりの数となる。

酒石酸（タータリック）が瓶底に溜まるところから名付けた「Tartar Wine」は、自家農園のブドウ一〇〇パーセントで造られ、一二カ月以上フレンチオークで熟成されたフラッグシップ・ワイン。カベルネ・サントリー一〇〇パーセントの赤とシャルドネ一〇〇パーセントの白がある。自然な造りをしているため、毎年違う味が楽しめる。

地元滋賀県のマスカット・ベリーAの赤とシャルドネの白で造られた「身土不二《しんどふに》」シリーズは、畑別に醸造され瓶詰めされたワイン。そのため、作り手、テロワール、樹齢などの違いを楽しめるシリーズである。

図師禮三の名前を冠した「Reizo」は、自家農園一〇〇パーセントのブドウを使った瓶内二次発酵の本格スパークリングワイン。通常のスパークリングワインで行われる澱抜きの作業をしないため、ノンデゴルジュマンと表記されている。リースリング・リオンとシャルドネの白と、カベルネ・サントリーとシャルドネのロゼの二種類がある。ヒトミワイナリーらしいということで名づけられた「h3」は、澱を取り除かない田舎式製法の「微発泡にごりワイン」。デラウェアの白、キャンベルと巨峰のロゼ、マスカット・ベリーAとキャンベルの赤と三色そろっている。

ユニークな一本としては、男のために造った「poison kyoho」。地元で生産された巨峰で造られたアルコール一七％のデザートワインである。巨峰の果汁を零下二五℃で冷凍することにより糖度を高め、自然発酵・無補糖・無補酸で造られている。

ワイナリーに常設されているテイスティングカウンターでは、スタッフの説明を聞きながらワインが試飲できる。このワイナリーのもうひとつの魅力は、ここで接客するスタッフの中にブドウの栽培やワインの醸造の担当者がいることである。一本一本のブドウの樹と対話しながら栽培し、思いを込めて醸造・瓶詰めしたスタッフが、今度は訪れた人と対話しながらワインを勧めてくれる。栽培や醸造の担当者が、次はどのようなお客さまが来るのか、どんなワインを薦めようかと、楽しそうにカウンターに立っている姿はとても印象的だった。

醸造人の岩谷からアパレル企業出身者らしいこんな話を聞いた。ギンガムチェックという定番の服地は、その年の流行に合わせて微妙な調整や改良を加えているので、長く愛され続けているという。つまり伝統的なものは全く変えないと受け入れられなくなり、消えてしまう。状況に合わせて変えることにより残っていける。つまり「進化することで伝統は生きる」と。それがヒトミワイナリーのワイン造りの考え方なのだと思う。そうして造ったワインを、テイスティングカウンターで一人一人のイメージに合わせて選び、「試着」させてくれるのが、このワイナリーだ。

スタッフたちの笑顔と新しいワインに出会うために、また訪れたいワイナリーである。（木下英明）

ワインリスト（主要製品。別途記載のものを除き、容量は七五〇㎖。価格は税込み）

TartarWine（赤、辛口）自家農園産　カベルネ・サントリー一〇〇%　七二〇㎖ 三一五〇円

TartarWine discernment Series（白・辛口）自家農園産　シャルドネ一〇〇%　三一五〇円

身土不二（しんどふに）Series（赤・辛口）:

・TsuBo Classical Style（信楽茶壺発酵）マスカット・ベリーA　一八九〇円

・竜王雪野山 マスカット・ベリーA。一八九〇円

・今荘野畑 マスカット・ベリーA。一八九〇円

身土不二（しんどふに）（白、・辛口）今荘野畑 シャルドネ一〇〇％　三一五〇円
Reizo 自家農園産100％（瓶内二次発酵・発泡ワイン ノンデゴルジュマン 辛口）：
・Blanc（白・辛口）リースリング・リオン、シャルドネ　三七八〇円
・Rose（ロゼ・辛口）カベルネ・サントリー、シャルドネ　三七八〇円
Rurale Type a（瓶内二次発酵・発泡ワイン ノンデゴルジュマン 白・辛口）播磨産シャルドネ、
　山形産デラウェア　一八九〇円
h3（田舎式微発泡にごりワイン、辛口）Series：
・イッカク（赤）マスカット・ベリーA、キャンベル　七二〇㎖ 一五七五円
・カリブー（白）デラウェア　七二〇㎖ 一五七五円
・パピヨン（ロゼ）キャンベル、巨峰　七二〇㎖ 一五七五円
poison kyoho（デザートワイン、白・甘口）東近江産巨峰一〇〇％　二〇〇㎖ 一二〇〇円

京都府

天橋立ワイン――老舗旅館オーナーの挑戦。一〇〇年先を見据えたワイン造り

安芸の宮島、陸前松島と並ぶ日本三景のひとつである天橋立は、京都府宮津市の宮津湾と内海の阿蘇海を南北に隔てる全長三・六キロの砂州である。一帯は松林で覆われ、東側には白い砂浜が広がっており、夏の海水浴客を含め年間二三〇万人が訪れる関西屈指の観光地である。その名勝地が目の前に広がる絶好の場所に「天橋立ワイナリー」はある。

電車なら、大阪から新快速で京都へ行き、京都からKTR（北近畿タンゴ鉄道）に乗り入れるJR特急はしだてに乗れば、宮津線天橋立駅まで大阪からは二時間二二分、京都からは二時間弱で着く。大阪から福知山線で福知山まで行き、KTR宮津線に乗り換えて天橋立駅で下車するルートもある。駅からは丹海バスで天橋立ワイナリー前まで20分ほど。車の場合、京都縦貫自動車道与謝天橋立ICから府道九号を北に二キロ走った先を左折、国道一七八号を伊根方面に九キロ、国道海側の天橋立を望む場所にある。

国道一七八号線沿いに目印となる大きなワインボトルの看板があり、〝日本建築の美〟をテーマにした黒い瓦屋根の建物も人目を引く。建物の一階には広々としたワインショップがあり、テイスティングもできる。発酵途中のフレッシュな白ワイン、フェダー・バイザー（ドイツ語で白い羽根の意）も楽しめる。これは酒税法の定めにより、ワイナリー内だけで飲むことができるワインだ。一階の裏手には醸造所があり、醸造から瓶詰めまでの工程をガラス越しに見学することができる。地下には平成一八

和風建築の天橋立ワイン

年に新設したセラーがあり、オーク樽が整然と並んでいる。二階は地元丹後の食材にこだわっているレストラン。阿蘇海越しに天橋立を一望できる絶好のロケーションで、建物の横と裏手には水辺ぎりぎりまで、自社畑が広がっている。

このワイナリーは、天橋立で四〇〇年続く旅館のオーナーである山﨑浩孝が経営をしている。旅館は天橋立駅に程近い智恩寺という一〇〇〇年の歴史を持つ寺の門前にある。。昭和五八年に大阪体育大学を卒業し、京都府立宮津高校の体育講師になった。同時に家業の手伝いもしていたが、あるきっかけから、北海道でのワイン造りに関わることになる。

もともとワインに興味はあった。高校卒業後の昭和五三年にはカリフォルニアに半年間滞在、その時にフィッシャーマンズ・ワーフでカニを食べながら、ホワイト・ジンファンデルをよく飲んだという。このアメリカでのカジュアルなワイン体験も後の彼に影響を及ぼしている。とにかくワインというものをよく知りたくなり、日本のワイン産地を訪れてみようと思い立ったのだ。

遠い北海道を選んだのは、北海道が日本のニューワールドだと思ったからだという。二年間続けた体育講師の職を辞し、妻子を残し、山崎は北海道へ向けて故郷を後にした。

昭和六〇年当時、北海道のワイナリーの多くを訪問した。その中で小樽市の「北海道ワイン」の嶌村彰禧社長と出会う。北海道ワインは当時はまだ歴史も浅く、生産量も少なかった。しかし嶌村のワイン造りへの情熱に感動した山崎は、この人物の下でワイン造りを学びたいと思い、北海道ワインに就職する。北海道ワインでは昭和六〇年から平成七年までの一〇年間、栽培、醸造そして販売、経営マネジメントにまで携わり、ワインに関する経験と知識を実践的に身に付けた。

その頃から山崎は故郷に戻ったら自分もブドウを栽培し、そこでしかできないワインを造りたいと思うようになったのだ。北海道ワイン在籍中の平成三年、現在天橋立ワイン株式会社代表取締役専務である大銅美則をはじめとした有志と、農業生産法人「有限会社たんごワイナリー」を設立し、四年にはセイベルを中心に栽培を開始した。その後九年には栽培農家六戸で「たんご果実生産組合」を組織し、「ワイン造りは畑から」を合言葉に、土作りから取り組んだ。七年、故郷に戻り、妻の実家の旅館経営に参画する傍ら四年かけてさまざまな準備を整え、一一年に「天橋立ワイン」を設立、一三年九月より醸造を開始した。この時北海道ワインは、資本参加や技師の派遣などに大きく協力してくれた。

平成一七年からはフランスワインの輸入も開始した。北海道ワインの卸販売も行っていたが、その得意先からフランスやドイツのワインも輸入してほしいという要望があったためだ。現在もインポーターとして毎年、山崎自らがフランスへ買い付けに行っている。ブルゴーニュ、ローヌ、ボルドーなどの一流のワイン生産者たちとの交流が、彼の「世界のトップと競争する」という一流のワイン造りへのこだわりをより強固なものにしている。

天橋立ワイナリーのスタッフにはあるノルマがある。それは海辺で集めた貝殻や牡蠣殻の化石を毎日ひとりバケツに一杯ずつ、畑へ運ぶことである。この貝殻をブドウ畑へ撒き続けることで土壌のミネラル分がより豊富になり、将来的にはそれが天橋立のテロワールになると考えている。自分が一代目で、そこでできることには限りがある。自分の使命は、ワイナリーの土台を作ること、そしてテロワールに合ったブドウ品種を特定すること。一世代で一品種を形にできればそれでいいと考えている。常に一〇〇年先を考えたいという。そのためにさまざまな品種を植えて試行錯誤を繰り返している。土地への適性を見るには最低でも三年、通常五年から七年はかかるということだ。局地的な気象として、ワイナリー周辺の地区については北側に位置する成相山に北からの湿った空気が遮られ、乾燥した空気が下りてくる。このため、他の地区に比べ比較的降雨量が少ない。

今、彼が代表品種になるのではないかと感じているのが、ドイツ原産の品種「レジェント（レゲント）」である。これは北海道ワインにいた当時、山﨑にブドウ栽培のイロハを教えてくれたブドウ栽培家の藤本毅が力を入れていた品種だ。現在約一〇〇本を試験栽培しているが、病気に強く天橋立の気候風土に合っているようで、よいワインになりそうだという。現在もレジェントで造ったワインは販売しているが、その原料ブドウは北海道の藤本が作ったものを買っている（国産ワインコンクール2010、2011で銅賞を受賞した）。他には、グルジアで主に栽培されているサペラビという珍しい品種なども栽培してみている。そして今最も注目しているのはカベルネ・フランである。

自社畑で継続して栽培しているのは、当初からの基幹栽培品種になっているセイベル種とカベルネ・ソーヴィニヨン。セイベルは病気に強く、安定している。ワイナリー設立以前の約一〇年間に試行錯誤して絞り込んだ品種だ。白ブドウのセイベル9110と黒ブドウのセイベル13053がその主力となっている。第一世代としてまずはこれら世界の品種、レジェント、そして日本独自の品種を植え、第二世代でシラーやソーヴィニヨン・ブランなどに取り組み、その中から第三世代として日本のテロワールに合うものを絞り込んでいこうと考えている。

自社畑はワイナリーに先駆けて設立された農業生産法人たんごワイナリーが所有しており、ワイナリーの周囲にある。ここでの栽培を担当するのは、兼松修平（京都府立農業大学にて果樹栽培の基本を学び、その後同社に入社、ブドウ栽培の担当として現在に至る）以下三名。自社畑の面積は徐々に増え現在三ヘクタール。すべて垣根式で有機肥料のみを使用。撒くのは貝殻と牛糞のみである。ここでは積極的に作業の機械化を進め、少人数でブドウ栽培ができるように取り組んでいる。この農業生産法人ではブドウのみならず京野菜の栽培も手掛け、平成二四年には農産物直売所も設ける予定になっている。

自社畑だけではワインの需要に追いつかないので、宮津市、大宮町、久美浜町などの二五軒の栽培農家と契約している。契約面積は三ヘクタール。こちらもすべて垣根式である。それでも足りない分は提携先の北海道ワインから買い入れている。主にドイツ系品種のケルナー、レジェント、そしてナイアガラなどだ。

醸造設備はコンパクトにまとまっていて、清潔感がある。山﨑は北海道ワイン時代にドイツへ研修に行き、そこで醸造責任者のグスタフ・グリュン（北海道ワイン他を指導）に師事したことから、醸造はドイツスタイルを基本にしており、醸造タンクもすべてドイツ製だ。またフランスの銘醸地のワイナリーを数多く訪問した経験から得た、清潔へのこだわりと樽使用のテクニックを大切にしている。生詰めにこだわり、フレッシュ感を大切にしている。平成一三年からは小松裕幸（一年間、北海道ワインにて研修後、ドイツのグスタフ・グリュンのワイナリーにて短期研修、帰国後、一三年より栽培管理及び醸造を担当する）が醸造を行い、現在は土肥剛（長岡技術科学大学大学院修士課程修了、一六年一一月天橋立ワイン入社）が醸造責任者となっている。現在の年間生産本数は六万本に達しており、将来的には年間一〇万本の生産を目指している。

現在のラインナップは、白ワインはセイベル種の「こだま」シリーズと、セイベルとケルナーのブレンド「とよさか」シリーズ。とよさかは「豊栄」から来ている。地元、元伊勢籠神社の宮司につけてもらった名前だ。そしてナイアガラ、ケルナー。それぞれ甘口と辛口がある。赤ワインは地元産セイベルを使った「茜」シリーズ、そして北海道のレゲントとサペラビをブレンドした甘口など。地元のセイベル１３０５３でロゼの茜ブラッシュも造っている（このロゼは『ワイン王国』のベストバイワインのひとつにランクイン）。ワインを購入してくれるのは地元客と観光客がメイン。飲食店への直販にも注力しており、地元天橋立一帯の旅館や、京都市内の飲食店などとも取引がある。「２００８年シャルドネ樽熟成」が国産ワインコンクール２０１１で銀賞受賞、「２００９年シャルドネ樽発酵」「２００９年レジェント」がそれぞれ銅賞を受賞している。

山﨑が経営する「ワインとお宿 千歳」は、智恩寺の門前町にあり、老舗旅館の趣だが、そのワインセラーにはフランスの一流ワインが三万五〇〇〇本は眠っている。和風の旅館ながら山﨑が目指すのはヨーロッパスタイルのオーベルジュだ。

智恩寺のすぐ横には同じく山崎の経営するカフェ「Ｃａｆｅ ｄｕ Ｐ・ｉｎ」があり、そこでは有名な廻旋橋（天橋立の大橋立と小橋立を結び、橋の中央部分が九〇度回転する可動橋）が回転する様を眺めながら、ワインを楽しむことができる。

山﨑にワイン造り、ワイナリー経営で一番大変なことと、一番楽しいことを聞いてみたところ、「一番大変なのは決算、一番楽しいのは畑にいる時」という答えが返ってきた。そういえば畑でブドウの葉に触れている時の柔らかい笑顔は農夫のそれであった。

今後、世界的にワインの質はどんどん良くなっていくと山﨑は考えている。だからワイン造りを目指す次世代には、広い視野を持ち、自己満足で終わらずに常に世界のトップを意識したワインを造ってほしい、そして自分たちのテロワールをきっちりと表現するワイン造りを目指してほしいと思っている。自分はそのベースを作り、ある程度絞り込んで、そして次の世代への可能性を残していきたいと思っているということだ。見届けられる限りはその軌跡を追っていきたい。


（大滝恭子）

ワインリスト （別途記載のものを除き、容量は七二〇㎖。価格は税込み）

セイベル（赤・辛口） セイベル13053 一八〇㎖ 四〇〇円
茜2009（赤・辛口） セイベル13053 樽熟成 二五〇〇円
茜2009（赤・辛口） セイベル13053 樽熟成 三七五㎖ 一三〇〇円
Doux Rouge Charmant 2010 （赤・甘口） レゲント、サペラビ 五〇〇㎖ 一五〇〇円
ルージュ樽熟成2009（赤・辛口） セイベル13053、レゲント 二五〇〇円

レジェント２００９（赤・辛口）　レゲント　三〇〇〇円
彩雲２００９（赤・辛口）　サペラビ　三〇〇〇円
ナイアガラ（白・やや甘口）　一三〇〇円
こだま甘口２０１０（白・甘口）　セイベル９１１０　二二〇〇円　五〇〇㎖　一三〇〇円
こだま樽熟成２００８（白・辛口）　セイベル９１１０　二五〇〇円
とよさか甘口２００９（白・甘口）　セイベル・ケルナー　一五〇〇円
とよさか辛口２０１０（白・辛口）　セイベル　一五〇〇円
ケルナー甘口２００９（白・甘口）　二二〇〇円　三七五㎖　一三〇〇円
ケルナー辛口２００９（白・辛口）　三七五㎖　一三〇〇円
シャルドネ樽熟成２００８（白・辛口）　三五〇〇円
シャルドネ樽発酵２００９（白・辛口）　三五〇〇円
キャンベル・アーリー（ロゼ・やや甘口）　一二〇〇円
茜ブラッシュ２０１１（ロゼ・やや甘口）　セイベル１３０５３　五〇〇㎖　一三〇〇円

京都府

丹波ワイン——食の宝庫、京都丹波発、和食に合うワイン造り

多くの日本のワイナリーの中でも「和食に合うワイン」ということを掲げてワイン造りをしているのが京都の丹波ワインである。

京都駅からJR嵯峨野線の快速に乗れば四〇分足らずで園部の駅に到着。そこからワイナリーへは車で二五分ほど。園部駅前からはJRバスもあり、丹波高原という停留所まで三〇分、そこから徒歩約一五分でワイナリーに着く。土・日曜、祝日のみ、駅とワイナリーを結ぶシャトルバスを運行している（要予約）。車の場合は京都市内より京都縦貫道へ。丹波インターを降りて右折、国道九号線を福知山方面へ行く。丹波インターから約一〇分だ。亀岡市の次の市街地になる丹波町の少し先を左に入ったところにある。

国道からワイナリーへ向かう道にある大きな看板には「丹波ワイン」とともに「クロイ電機」の名前がある。クロイ電機は創業昭和二七年。パナソニック電工向けOEMで照明器具などを製造してきたこの会社の二代目黒井哲夫がワイナリーを創業した。クロイ電機の社長だった当時、ヨーロッパの駅やカフェで気軽にワインを飲む人々の姿を見て、黒井は日本でももっと気楽にワインを楽しみたいとヨーロッパのワインを度々持ち帰るが、日本で飲むと何かが違う。ワインの品質の問題ではなく、飲む場所の温度やにおい、そして合わせる食材などによって、ワインの味が変わるのだと気づき、日本の風土、そして和食に合ったワインを造ろうと思い立つ。

丹波ワイン外観

昭和五四年、クロイ電機の社長職を退き、私財をなげうって創業。地元の町会議員で観光ブドウ園を経営していた山崎高明が共同オーナーになった。山崎は早速息子の山崎高宏をドイツのガイゼンハイムに留学させてワイン造りを学ばせ、醸造担当には山梨の洋酒工場にいた大川勝彦（岐阜大学農学部出身）を常務として迎え入れた。最初は山崎のブドウ園の生食用のブドウ（デラウェア、マスカット・ベリーAなど）を使い、片山酒造という丹波の日本酒の酒蔵を借りて造っていた。創業二年目の昭和五六年にワインの販売を開始、しかし当時は本格的な辛口ワインを造っても、消費者の味覚に合わず売れなかった。そこでデラウェアの新酒を甘口にしたらこれが大ヒット。五九年に世界食品コンテスト、モンデセレクションで金賞を受賞した。そして創業から六年目の六〇年、クロイ電機が工場用地として開拓した現在の地に工場を建設。自園で栽培をするようになり、品種も後にはヨーロッパ系のワイン専用品種を植えるようになっていった。広大な敷地に今も電機工場とワイナリーが共存している。

　ワイナリーは順調に発展を続けたが、平成四年に社長の黒井哲夫が亡くなり、夫人の黒井多美子が社長に就任した。その後九年には 丹波ワインハウス事業（株）を設立してレストラン事業を開始した。

　平成一六年五月、哲夫と多美子の長男、黒井衛が三代目の社長に就任した。衛は昭和四七年生まれで現在三九歳。同志社大学の商学部を出て、関西の大手スーパーに就職した。就職先にスーパーを選んだのは、食べることや料理が大好きで食品関連の仕事がしたいと思ったからで、鮮魚売場で仕入れ、加工、販売を担当していたが、世代交代ということで一二年に丹波ワインへ入社、一五年からは専務取締役として栽培から醸造、営業までをカバーしていた。

　衛は育ちのよさを感じさせる温厚な人柄だが、二〇代の頃からアジア諸国を放浪する旅に何度も出ており、冒険心や好奇心旺盛な一面もある。現在は栽培、醸造、そしてショップやレストランの運営など全般に目を配る傍ら定期的に京阪神と東京を行き来し、精力的に飲食店などへの営業をして販路を広げている。

　現在自社畑には試験栽培を含め、四〇近い品種が植わっている。畑は大きく三つの地区に分かれており、ワイナリーの建物の裏手に広がる鳥居野の畑ではピノ・ノワール（ドイツ原産のシュペート・ブルグンダー）やカベルネ・ソーヴィニヨンなどの赤ワイン用品種を栽培。瑞穂町の向上野の畑ではシャルドネやピノ・ブランを中心とした白ワイン用品種を、また丹波町千原ではソーヴィニヨン・ブラン、メルロ、タナなどを栽培している。サンジョヴェーゼも二〇〇〇本ほど植えている。開園当初に植えたブドウはすでに樹齢三〇年に達しており、古樹の味わいを出すものも出てきている。ブドウはすべて垣根式。年間降雨量が一五〇〇～二二〇〇ミリとかなり多いので、一部にはレインカットを採用している。土壌は向上野の畑が有機質に富んだ黒ぼく土、鳥居野と千原が有機質の少ない赤色土だ。いずれも粘土質で水はけが悪いので、暗渠を掘っている。（千原は斜面なので水はけは良い。）この三カ所の畑で約四ヘクタールの広さがあり、近隣にもさらに自社農園を拡大していく予定だ。丹波山地は小盆地の多いところで、園部は須知盆地にある。標高約二〇〇メートル。全国でも有数の昼夜の気温差の大きなところで三月から収穫期の気温差はマイナス一〇度から三五度とかなり開きがある。夏場に昼間三〇度を超すときでも夜は一七度くらいまで下がる。この気温差はブドウの生育にとって好都合だ。

丹波ワインでは「自然に感謝し、かけがえのない地球環境の大切さを認識し、自主的、継続的に環境保全に取り組むことを一層加速させる」必要があると考え、環境に配慮した生産活動を行っている。そのひとつとしてナギナタガヤの草生栽培をしている。化学肥料は使わず、ブドウの搾りかすやワインの澱、酵母などを堆肥として利用している。ボルドー液はソーヴィニヨン・ブラン以外には散布している。現在栽培を担当するのは末田有。山梨大学卒で村木弘行教授のもとで学んだ。契約栽培農家は亀岡と綾部に一軒ずつあり、カベルネ・ソーヴィニヨン、メルロ、シャルドネなどを作っている。また兵庫県のブドウ農家からもシャルドネとカベルネ・ソーヴィニヨンを買い入れている。

醸造設備は、広くゆったりとしている。壁面は四重構造になっているので、空調なしでも年間を通じて二〇～二五度が保てるようになっている。六基ある開放式のホーロータンクと7基あるステンレスのジャケット式タンクが現在主に使われている。醸造の指揮を取るのは近畿大学農学部出身の片山敏一だ。

ブドウ栽培、ワイン造りの中で、衛が一番大事にしていることは、スタッフそれぞれの考えやこだわりが表に出るようにしたいということ。そして自分たちが食べている食事に合わせて「うまい」と思えるワイン造りをする、ということだ。

和食に合わせるワインということを強く意識しているので、ワインのきれいな酸味が非常に重要だと考えている。そのために酸味を生かせる品種の選定、完熟させすぎずに収穫するタイミングなどとともに醸造面でも工夫をしている。白ワインのピノ・ブランやソーヴィニヨン・ブランなどは雑味の少ない繊細な味わいを出すために、果汁を清澄してから発酵させている。樽熟成もするが、最長でも一五カ月に抑え、新樽率も一〇パーセント程度にして樽香をつけすぎないようにしている。ピノ・ノワールやサンジョヴェーゼなどの赤ワインは低温で発酵させ、酸味を残すようにしている。他の品種についても、品種の強い個性をより際立たせるように醸造するのではなく、酸味や果実味をブドウからバランス良く引き出すようにしているそうだ。

「和食に合うワイン」という造り手の意図が受け入れられて、丹波ワインは現在京都市内の飲食店三〇〇店舗以上で取り扱われており、その九割以上が和食店。老舗の割烹や懐石料理店など本格的な和食店もかなり含まれている。また東京、大阪、神戸などでも和食店を含む多くの飲食店が取り扱っている。そして「和食に合う」をコンセプトに、最近では香港などの海外市場への輸出も開始している。

生産のバランスは六対四で白ワインのほうが多めだ。年間の生産本数は七五〇ミリリットル換算で約五〇万本。飲食店のほかに、自社の売店やインターネットなどで販売している。それぞれのタイプの生産本数が少ないので、発売してもすぐに完売してしまうものも多く、ワイナリー限定発売のものもある。少量多品種の理由については、まだ若いワイナリーなのでさまざまな体験をスタッフ一同で感じていきたいからで、絞り込むのはまだまだ先のことだと思っているそうだ。

売店の隣にはテイスティングルームがある。そこで試飲をしたデラウェアの自然発泡「てぐみ」や、ホーロータンクで仕込むソーヴィニヨン・ブランは、どこか日本酒のようなニュアンスが感じられた。ピノ・ブランも人気だが、面白いことにここの樽熟タイプは東京で人気があり、ここのピノ・ブランにショイレーベを二〇パーセントブレンドしたフルーティーでやや甘いタイプは京都の和食店で人気と、東西で好みが分かれるそうだ。

取材に訪れた日は日曜日で、ワイナリーの敷地内でロックフェスティバルが開かれていた。衛の友人である地元ラジオ局のＤＪが中心となって開いているイベントでもう何年も続いているそうだ。地元の家族連れや観光客が、音楽を聴いたり、売店で買い物をしたりと、楽しそうにワイナリーでの休日を過ごしていた。ワイナリーではほかにもさまざまなイベントが年間を通じて開催されている。音楽がひとつの柱で、定期的にクラシックやジャズのコンサートが開かれるほか、フラメンコやフラダンス、能や狂言の鑑賞会、ユニークなところではクラシックカー・フェスティバルなども開催されている。地元イベントに参加しながらワインにも親しんでもらうのが目的だが、イベントの内容によって客層が違うので、さまざまな人に来てもらえる良いきっかけ作りになっている。衛が社長になってから特に意識している「ワインを通じて楽しめる機会、きっかけや場所をお客様に提供する」がしっかりと実践されている。

ブドウ栽培、ワイン造りにおいてこれからやっていきたいことは、まずは生産面での安定供給。そして余裕があれば農業の工業化と工業の農業化だという。
丹波ワインのロゴには“LIEBE GEHT DURCH DEN MAGEN”とドイツ語で書かれている。直訳すると「愛は胃袋を通る」という意味。日本人が当たり前に日本のワインをテーブルで飲めるようにする、それができるのは日本のワイナリーしかないと思っているという衛。初代の父が憧れた、ワインと食が一体になった生活スタイル、それを二代目の息子が日本人の食卓に合うワイン造り、楽しみ方の提案を通じて実現している。そしてこれからも更に発展させていくであろうワインのある生活の提案、創造への取り組みが実に楽しみなワイナリーだ。

（大滝恭子）

ワインリスト（別途記載のもの以外、容量は七五〇㎖。価格は税込み）
丹波鳥居野　カベルネソーヴィニヨン&メルロー2007　（赤・フルボディ）　三六七五円
丹波鳥居野　ピノ・ノワール2009　（赤・ミディアムボディ）二九四〇円
丹波鳥居野 サンジョベーゼ2009　（赤・ミディアムボディ）ワイナリー限定販売　二六二五円
鳥居野　赤（赤・フルボディ）カベルネ・ソーヴィニヨン、メルロ　二一一七円
カベルネ・ソーヴィニヨン　アンフィルタード　（赤・ミディアムボディ）　二〇〇〇円
丹波鳥居野　シャルドネ2009　（白・辛口）　三六七五円
丹波セミヨン　2006（白・極甘口）　五〇〇㎖　五〇〇〇円
播磨産シャルドネ　2009　（白・辛口）　一五七五円
デラウェア2010　（白・中口）　一三六五円
鳥居野　白（中口）　セミヨン、リースリング　二一一七円

京都ワイン（白・やや辛口）　甲州、シャルドネ　一五九二円
丹波ホック（白・やや辛口）　甲州、シャルドネ　一三四〇円
丹波ワイン　ヌーボー　（白・甘口）　デラウェア　一〇〇〇円
にごりぶどう酒　（白・甘口）　フレンチコロンバート、デラウェア　一〇〇〇円
特選にごりぶどう酒　（白・中口）　マスカット　一五〇〇円
丹波鳥居野 Traditional２００７（瓶内二次発酵）（白・発泡性・辛口）新発売。リースリング五〇％、ピノ・ノワール二五％、ピノ・グリ二五％　三六七五円
（ワイナリー限定販売）
マスカット・ベリーA　２００９　（赤・ライトボディ）　一三六五円
亀岡カベルネ・ソーヴィニヨン２００９　（赤・ミディアムボディ）　一五七五円
京都ワイン　（ミディアムボディ）　カベルネ・ソーヴィニヨン、メルロ　一五九二円
丹波クラーレット　（赤・ミディアムボディ）　カベルネ・ソーヴィニヨン、メルロ　一三四〇円
丹波ワインヌーボー　（赤・中口）　マスカット・ベリーA　一二〇〇円

大阪府

飛鳥ワイン——量から質への転換

飛鳥ワインは鉄道なら近鉄南大阪線上ノ太子駅下車、車では南阪奈道路の羽曳野《はびきの》東インターを降りてすぐのところにある。平地にはブドウ畑はなく住宅地が広がっているが、山の斜面にはまだ多くのブドウ畑があるのが眺められる。大正から昭和の初期、大阪府は日本で最大のブドウ産地だった、その主要産地のひとつ羽曳野市では、現在でもブドウの栽培が盛んだ。もっとも山梨県や長野県のように観光ブドウ園スタイルの農家はあまりないから、同じブドウ産地でも雰囲気はずいぶん違う。

昭和九年に日本を襲った室戸台風は、当時最盛期であった大阪のブドウ農家にすさまじい被害をもたらした。そこで国は被害を受けた各農家に醸造免許を緊急に発行するという、おかしな救済策を施した。落ちたり売れなくなったりしたブドウを醸造してよいから後は自力でなんとかしろ、ということだったのだろう。この結果、羽曳野市だけで九〇軒以上、もうひとつのブドウ産地である柏原にも六〇軒以上の免許が下りたというのだから、現在の視点で見ると無茶苦茶な数の交付である。そうやって醸造免許を得た農家のひとつに、飛鳥ワインの発祥となる仲村家も入っていた。しかし戦時中になると醸造ができなくなってしまい、結局しばらくワイン造りをやめてしまう。実際、免許をもらっても毎年醸造をするというのは容易なことではないから、他の農家もほとんど国に返納してしまった。

高度経済成長期の昭和四三年になって再びワインを造ろうということになり、初代社長の仲村義雄が飛鳥ワインを立ち上げた。設立後しばらくは、かつてと同じようにベト病などによって売り物にならな

段々畑状の自社畑

くなったり、店頭に並べられないようなブドウを醸造する業務が主体であった。飛鳥ワインの名誉のために断っておくが、ここだけがこうした醸造を行っていたわけではなく、売れないブドウの再生工場という役割を担っていたワイナリーは全国にある。

飛鳥ワインについて言えば、持ち込まれるブドウも農家の数も多かったことから最盛期には現在の数倍の量のワインを製造していたという。しかし、生食用の、しかも質の悪いデラウェアが主原料であったから、ワインの味は言うまでもない。ただ、そんなブドウを醸造して農家の収入を少しでも増やすということもワイナリーの重要な役目であった。その是非を問うことは難しいが、安価で良質の海外ワインが大量に入り、国内ワインもレベルが向上すると、そうした廃品再生的なワインの居場所がなくなっていくのも確かである。加えて大阪府を含めた全国のブドウ農家の減少は現在進行形で著しく、持ち込まれるブドウも減っていき、このような製造スタイルは時代に合わないものになっていった。

　平成三年に社長に就任した現在の代表である仲村裕三はこうした現状を踏まえ、平成一二年ごろから醸造用に栽培されたブドウ以外は使わない方針に転換。自社畑を広げてヨーロッパ品種を栽培し品質を重視したワイン造りに舵を切った。

　現在の飛鳥ワインは社員が約五人、自社の醸造は約二万リットル強、そのうち半分がデラウェアという点が羽曳野市の歴史を物語る。平成二三年まで直接販売をせず、主に大阪の酒販店やデパートなどに卸していた。

　自社畑は数カ所に点在しており合計で約二・五ヘクタール。羽曳野市では生食用の栽培はビニールハウスとボイラーによる早生のデラウェアが主流なので、ビニールハウスがない露地栽培のワイナリーの畑は逆に目立っている。土質は二上山系の安山岩と砂質、粘土質の入り混じった地質。府内の他のワイナリーと比べると比較的緩やかな畑もあるが、やはりかなり角度がある。もっとも、水はけを良くするためブロックを埋めて段々畑状にしており、素人でも歩きやすい。畑周辺にはイノシシよけの電気柵を張り巡らし、害獣の侵入を防ぐが、さまざまな獣害には常に悩まされているという。敷地内には剪定したブドウの枝を発酵させて堆肥を製造する堆肥場があり、資源の有効利用も図っている。剪定した枝には好ましくない昆虫がいることもあるが、発酵過程の温度が八〇度にもなるため死滅するので問題ないそうだ。

　主な栽培品種はシャルドネ、デラウェア、メルロ、カベルネ・ソーヴィニヨン。甲州は試験的に垣根栽培を試しているが、現在のところ樹勢が強すぎて成功していない。ほとんどがコルドン式の垣根で等間隔に植えられ、加えて草生栽培であるがブドウの根元は草を刈るスタイルなので、見た目もきれいで整然とした畑である。メルロを手始めに、平成一二年から本格的にヨーロッパ品種の栽培を開始しており、育った樹とまだ植えたての樹が混在している畑だ。一本の樹あたり、摘果して二〇房程度で栽培している。ちなみにレインカットの生みの親であるマンズワインはレインカットで一株三〇房を基本としているので、この数は少ないといってよい。

栽培しているブドウの苗は自社のポット栽培で育てた苗。そればかりか、接木のための台木も自社で育てているのは珍しい。農薬などの使用はできるだけ抑えており、自社畑のブドウはすべて、大阪エコ農産物認証制度（※1）により、「大阪エコ農産物」に認定されている。

工場内にはかなりの数の量のタンクが設置されているが、これはデラウェアばかり大量に醸造していた時代に使われていたもの。現在は量から質の転換を図っており、醸造するデラウェアもワイン用のものを農家に栽培してもらっている。特に自社畑のブドウが本格起動してからは大型のタンクの出番はなくなり、少量を個別に醸造する頻度が増えた。

ワインの醸造は白はステンレスタンクで発酵・熟成、赤はフランス産オークでの熟成が行われる。工場全体を冷却する大型設備はさすがにないが、代わりに大型冷蔵庫が備えつけられており、ここで必要な温度管理を行っている。

低価格帯の「スタンダードワイン」シリーズには、輸入ワインが使用されるものもある。産地の関係からデラウェアのワインが甘口～辛口、スパークリングとバリエーションが豊富。デラウェアの原料はすべて契約栽培の青デラ（※2）であるため、ここのワインも狐臭（フォクシーフレーバー）といった品種特有の香りが抑えめで酸が高い。

「飛鳥の秀逸畑」「ヴィンテージワイン」シリーズが品質面ではトップに位置づけられている。「ヴィンテージワイン」はその名のとおりヴィンテージが記載され、「飛鳥の秀逸畑」はノン・ヴィンテージであるが、いずれもすべて自社畑のブドウを使用。価格帯は一番高いものでも三〇〇〇円と抑えめの設定であるが、さすが自社畑ワインを冠するだけあって他社の同価格帯の優良なワインと比べても見劣りしない。特に日本国内では品質で苦戦する傾向があるカベルネ・ソーヴィニヨンから、良質なワインを生み出しているのは特筆してよいと思う。他に甘味果実酒やフルーツワインといった商品も製造されている。

飛鳥ワインは最近まで日本ワイン愛好家の中でもあまり注目されていなかった。その理由の最大のものは、中規模のワイナリーながら最近まで観光客の受け入れや試飲販売所といった施設がなかったことが挙げられるだろう。純然たるワイン工場であったのだ。

そのあたりを踏まえ、平成二三年に工場の向かいにある社長の自宅の一部を改装して試飲所を設けた。畑では大阪のワインクラブや周辺地域住民と栽培や収穫体験イベントを行っており、単なるワイン工場から観光や地元と結びついたスタイルのワイナリーに変わろうとしているように見える。

観光客や来訪者に「見せるワイナリー」への転換はだいぶ出遅れてしまっているが、本業のワインへの取り組みは真面目で、良いワインができている。今後、産業の決して多くない羽曳野市の地域活性化のためにも、ぜひ頑張ってほしいワイナリーだ。

（遠藤充朗）

※1　大阪府内で生産された農産物のうち、農薬や化学肥料の使用回数が、大阪府の定める基準以下（大阪府内平均の使用回数を基に、半分の値に定められている）のものを公的に認証する制度。有機栽培とは異なり、農薬・化学肥料の使用そのものは認められている。平成一三年に発足。

※2　生食用と異なりジベレリン処理をしない種ありのデラウェア。そのデラウェアを完熟前の酸味の強い段階で収穫して白ワインを造ったものを青デラと呼ぶ。

ワインリスト（容量は七二〇㎖。価格は税込み）

飛鳥グランド（白・やや甘口）山梨産甲州　一五四七円
河内産ワイン　白（やや辛口）大阪産デラウェア　一〇三七円
河内産ワイン　ロゼ（やや辛口）マスカット・ベリーA　一〇三七円
河内産ワイン　赤（ミディアムボディ）マスカット・ベリーA　一〇三七円
飛鳥スパークリング（白・やや甘口）山梨産甲州　一五〇〇円
早摘みのデラウェア（白・やや甘口）自社畑デラウェア、NV　一二〇〇円
完熟のシャルドネ（白・辛口）自社畑シャルドネ、NV　二〇〇〇円
樽熟成メルロー（赤・フルボディ）自社畑メルロ、NV　二〇〇〇円
飛鳥デラウェア2010（白・やや甘口）自社畑デラウェア　一二〇〇円
飛鳥シャルドネ2009（白・辛口）自社畑シャルドネ　二〇〇〇円
飛鳥カベルネ・ソーヴィニヨン2007（赤・フルボディ）自社畑カベルネ、樽熟成　二〇〇〇円
飛鳥メルロー2008（赤・フルボディ）自社畑メルロ、樽熟成　二〇〇〇円

カタシモワイナリー——郷土愛と創造力に富む西日本最古のワイナリー

鉄道なら近鉄大阪線安堂駅、堅下《かたしも》駅から徒歩一〇分、ＪＲ大和路線柏原駅から徒歩一五分。車なら西名阪自動車道の柏原で降りて四キロほど進むと、柏原市の市街にあるのがカタシモワイナリーである。

柏原市は大阪都心部から東に約二〇キロの距離に位置し、現在は都市部のベッドタウンとして知られる。奈良県とも非常に近く、市の西側は平坦な土地だが東側や南側にはそれぞれ生駒山系、金剛山系が迫り、じつに市全体の六割は山間部である。

あまり知られていないが、大正から昭和初期にかけて大阪府は山梨、長野を抜いて日本で最大のブドウの産地だった。現在の生産量も平成二二年に全国第七位の生産量（六一二〇トン）、そのうちデラウェアの生産量は全国三位で決して少なくはない。柏原市も明治初期まで綿花が主要農作物であったが、都市部の発展とともに高収益のブドウ栽培に移行し、大阪屈指のブドウ栽培地のひとつとなった。市の東にある高尾山の厳しい斜面には今もまだかなりのブドウ畑が残っている。

そして、その山を見上げればブドウ畑とともに斜面に巨大な「柏原ワイン」の文字がすぐに見える。この看板の会社こそ、西日本では最も古い歴史を持つワイナリー、カタシモワイナリーである。

もともとは堅下村の農家であった高井作次郎が父親から受け継いだ畑のブドウを加工してワインにすることを考えたのが始まり。寿屋（現在のサントリー、同じく大阪で創業）から技術支援を受けながら、大正三年に『カタシモ洋酒醸造所』として開業した。その後、サントリーの甘味ぶどう酒の供給源

レトロな看板が目を引く直売所

として、また第二次世界大戦時には軍需品の酒石酸の産地として柏原市のワイン醸造は発展していった。が、戦後になると、交通網が発達したため大都市郊外の立地を生かしたブドウ栽培のメリットが減った。しかもベッドタウンとしての価値が高まったことから柏原市の農地は急速に減少。また、ワインを飲む文化がまだ充分に日本になかったことから、かつては多くあった醸造所もほとんどが姿を消した。

その逆風の中を生き残り、昭和四三年、現在の社名であるカタシモワインフード株式会社として法人化し、現在に至っている。

社長の高井利洋はこの歴史あるワイナリーの三代目（栽培家としては四代目）。もともとはワイナリーを継ぐ気がなく、神戸で会社勤めをしていたが、祖父の作次郎が亡くなった時に父である高井利一から「継がないのであればワイナリーをつぶしてマンションにする」と言われたことが転機となる。醸造や栽培の知識がそれほどあるわけではなかったが、自分が継がなければ伝統ある会社もなくなってしまうということから意を決して後継者となった。

だが継いだ当時は、日本ワイン、それも大阪のワイナリーを取り巻く状況は厳しかった。現在でも充分に認知されているとはいえないが、昔は多くの大阪府民に地元にワイナリーがあること自体が知られていなかったのだ。存在が知られてないというだけでも地産地消が基本となる中小ワイナリーにとって前途多難だが、当時は飲み手も育っておらず安価な甘口ワインが優勢だった時代、そんなに量が売れるはずもない。社会情勢だけでなく、利洋自身もワイナリーを継ぐために研鑽を積んできたわけではないから、畑の管理もうまくいかずに収量が減ってしまうなど、苦労は多かったという。

そんな中で平成七年に起こった赤ワインブームは、経営的には朗報であったようだ。健康ブームに乗っかって、他のワイナリーともどもカタシモワイナリーでも赤ワインの在庫を一掃できた。

しかしブームが過ぎればやはりまた売れなくなった。その中でも、利洋は地道に畑を開墾したり、醸造技術を磨いたりしながら、府内のデパートや各種イベントなどに機会を見つけてはブースを出展し、自ら赴いてワインの宣伝に努めた。知名度を上げれば大都会近郊の醸造所という利点が生きてくるという考えからだ。こうした努力を積み重ねて、平成二二年には、従業員は社員とパートを合わせて総勢二〇名ほど、製造量七万リットル、売り上げ二億二千万円という、府内最大のワイナリーとなっている。

カタシモワイナリーの現在は利洋のキャラクターなくしては語れない。とにかく快活で話し上手、商魂たくましいエネルギッシュな経営者である。そして醸造家としては直球勝負の正統派だ。「日本人のためのワインは日本人が造る」が利洋のモットー。ワイン愛好家が評価する品種だけにとらわれることなく、デラウェアやここでも栽培している「甲州」にも全力で取り組む。

グラッパ用の蒸留器を自作したり、瓶内二次発酵のデラウェアのスパークリングを造ったりと、自由な創造力と行動力では西日本でも右に出るものはそういない。

自社畑は約三ヘクタール。柏原市は数十年前までは、降水量・日照量ともにブドウ栽培向きであったことが気象データから見えるが、近年の年間日照時間は平均して一八〇〇時間程度、年間降水量は約一五〇〇ミリ。この値は山梨県の勝沼と比べると日照時間は二〇〇時間ほど短いうえに、降水量は四〇〇ミリほど多く、しかも山梨より台風の影響を受ける年が多いなど、気候面では特筆するほど優れた産地というわけではない。

畑の面積は一〇年ほどの間に約三倍も増え、今も広がり続けているのだが、これには事情がある。他県同様、大阪府においてもブドウ農家の後継者不足は深刻であり、残念ながら高齢化によって耕作放棄地は増加の一途をたどっている。一五〇軒ほどあるブドウ農家の平均年齢は七〇歳以上、後継者が決まっている農家が一〇パーセント程度とおよそ良い状況ではない。高齢化で耕作できなくなった畑が野山に戻ってしまわないよう、カタシモワイナリーがそうしたブドウ畑を管理している。既に会社が細かく管理できる能力を超えて畑が増えており、一部の畑は依然からある棚栽培のデラウェアをそのままワイン用に栽培せざるをえない。他にも月数回はツアーを開いてワイナリーや畑を紹介し、有志を募ってワイン用ブドウを栽培してもらうなど、あの手この手で何とか維持している。もちろん、細やかな面倒が自社ではみられなくても、これらは醸造用に栽培されるので生食用の転用とはもちろん内容は違う。デラウェアに関しては狐臭の少なめな青デラをワインにしている。とはいえ、やはり品質面で主力となるのは自社でしっかりと管理されている畑になる。

その畑だが生駒山系は非常に傾斜がきつくて転んだらそのまま下まで滑り落ちてしまいそうな場所も多々あり、作業は容易ではない。このため畑には農業用モノレールの線路が走っており、荷物の搬送を少しでも楽にするように工夫されている。

合名山という畑が昔からの主要な畑で、そこにヨーロッパ品種を昭和五八年から植えており、国内としてはかなり早い時期から高品質ワインの製造を見据えて働いてきた。自社畑は除草剤不使用、減農薬の栽培を基本とし、「大阪エコ農産物」（六七ページ参照）の認証を受けている。

栽培品種はヨーロッパ品種では主にカベルネ・ソーヴィニヨン、メルロ、シャルドネ。作業効率の面からも、ほとんどが垣根栽培だが、一部に棚栽培としては例がないほどに密植させた区画もある。国産品種はデラウェア、マスカット・ベリーA、そして「カタシモ本ブドウ」と「紫ブドウ」だ。最後の二つはあまり聞きなれない名前であるが、両者とも甲州種なのだ。山梨県にしかないと思われている甲州種が守られているのだ。「紫ブドウ」のほうは、由来は定かではないものの、少なくとも明治以前に大阪で栽培されていた品種で、他の品種に押されて現在ではカタシモワイナリーが所有するものだけが現存している。「カタシモ本ブドウ」は、明治初期に大阪府が設けた指導園の甲州種の苗木を、堅下村の篤農家に配ったところ、中野喜平がその育成に成功。これを機に堅下で爆発的にブドウ栽培が行われるようになったという歴史的に興味ある品種である。もちろん、当時はワイン用ではなく生食用として栽培されたのだが、現在は生食用ではデラウェアなどに押されており、多くがワイン原料として使われる。カタシモ本ブドウという名前は山梨の甲州との違いをはっきりさせたいという意味合いもあるだろうが、実際にワインにすると一〇〇年の歳月を異なる土地で過ごしたためか、山梨とは趣が異なるワインができるようだ。すべて棚栽培で、堅下のブドウ栽培の歴史を体現するブドウだけあって樹齢が八〇年を超える老樹なども現存している。

この「カタシモ本ブドウ」に並々ならぬ情熱を注ぐ利洋は、いろいろな小地区でこのブドウを栽培し、それぞれの畑名を表示し別個に醸造して販売している。実際に花崗岩質や粘土質といった全く異なる地層から、個性あるワインが生まれている。例えば「合名山　南西畑」は花崗岩が主な土質の畑からできたブドウを使っており、華やかな香りのあるシャープなワインになる。土質が違う「宮ノ上畑・上品畑」は逆に香りは弱いが厚みがある、といった風に異なっており、興味深い。もっとも、飲むこちらは気軽でも、こうした地域別ワインは小ロットずつしか醸造できない（実際にリリースが一〇〇〇本以下）など手間がかかるので造るほうは大変だ。

カタシモワイナリーはじつに精力的にいろいろな試みをしているが、その理由は利洋自身が語るところによれば、「ワインは一年に一度しか造れない。人生をすべて使っても回数はたかがしれている。ならば、いろいろなことを一年にまとめてやるしかない」。

このため極少量の試験醸造ができるよう、大正時代から残る小さな圧搾機を今も残してある。

そんな利洋の試みの中で近年生まれたユニークな商品は「タコシャン」。たこ焼きとスパークリングワインのマリアージュを目指したワインである。原料はデラウェア一〇〇パーセントと、ごく普通の日本ワインのように見えるが、なんとすべて瓶内二次発酵による本格的なスパークリング（出来上がったワインに炭酸ガスを人工的に注入するのではない）。実際にデゴルジュマン（※）や門出のリキュールの添加作業を見学させてもらったが、確かに手間がかかる。初年度は生産量が少なく、飲食店のみの販売であったが、確かにこの造り方では大量生産は大変だ。この「タコシャン」に限らず、カタシモのスパークリングワインは例外なく瓶内二次発酵で製造される。通常、デラウェアのスパークリングのようにワイン愛好家には好印象を持たれないようなワインは、炭酸ガス注入方式で量産するものだ。しかし、カタシモワイナリーでは「小手先の造りはいつか駄目になる」と、デラウェアであろうとシャルドネであろうと、すべて瓶内二次発酵で製造している。

メインの商品である低価格帯の「柏原ワイン KING SELBY（キングセルビー）」は赤と白があり、白は甲州（カタシモ本ブドウ）が主体、赤はベリーAやメルロを使う。なおこのキングセルビーは高井作次郎が付けた銘柄名だが、このような英語の名詞は存在しておらず、利洋によると祖父が何か勘違いして命名したらしい。最低価格帯の商品でも、一升瓶ワインの一部に輸入ワインを使っているだけで他は全商品が国産ブドウが原料だ。ヴィンテージは低価格帯のものにはないが、二〇〇〇円前後のクラスからはすべて記載されている。余談だが、平成一七年くらいまでは、国産のヨーロッパ品種を一〇〇パーセント使った低価格帯の赤で、内容に納得がいくものは非常に少なかった。今では隔世の感もあるが、その時代に「柏原ワイン」は例外となる数少ないワインであったように思う。

他に面白い商品として「CANDY DOLCE 朱ブドウ」という、キャンベルアーリーとベリーAにグラッパを加えた甘口の正統派フォーティファイドワインがあるほか、ブドウジュースや梅酒、なかには「ひやし飴」といった酒類とまったく関係のない商品も手がけている。

特筆に値するのは、平成一二年に単式蒸留器を備えてグラッパも造っていることである。「日本のブドウを使うのだから機械を海外のものを使ってもうまくいかない」と、利洋自らが単式蒸留器を作製したというのだからたいしたものである。デラウェア、シャルドネ、そしてカタシモ本ブドウの皮を原料として、品種ごとにそれぞれのグラッパを製造。異色のデラウェアのグラッパ「葡萄華35度　デラウェア　樽熟」は、原料が原料だけに品質が気になるが、海外の蒸留酒好きも納得させるほど薫り高く飲み応えがある。このグラッパは一般販売だけでなく寿司のチェーン店に卸されているというのも面白い。

さらに特筆すべきはカタシモ本ブドウのグラッパ「ブドウ華　58度甲州ブドウ」。これは、ふだんグラッパを飲みなれていない人をも感動させうる珠玉の一品だ。ステンレスタンク一本すべてに皮をつめても五本程度しか造れないために、生産本数が極端に少なくワイナリー直売のみ。価格も安くないがその価値は充分にある。

こうしたいろいろな商品があるために醸造・製造設備は多岐にわたる。醸造所は昔からの建物を改装しながら使用しているがこの中に興味深いものがあるので最後にひとつ。大阪では日本には数少ない樽屋があるため、カタシモワイナリーでは巨大な発酵用の木樽を使ってきていて、それが現存している（ただ、現在は使用していない）。日本国内では大樽のメンテナンスが難しいため、現在ではほとんどが最新のステンレスタンクに変わり、巨大な木樽がインテリア以外の用途に使われることは少ない。いくつも置かれた古い巨大な木樽を見ると、カタシモワインの歩んできた歴史の片鱗は実感できるだろう。

幸いなことにこの歴史ある醸造所を利洋の娘である麻記子が継ぐことを決意した。彼女は現在、次代社長になるべく修業中の身である。現社長の旺盛な発想力と行動力も何ら衰えておらず、さらに新たな世代が参入するカタシモワインの今後は、ワイン愛好家として期待せずにはいられない。（遠藤充朗）

※　シャンパンに代表される瓶内二次発酵のスパークリングワインの工程のひとつ。逆さにしたワインの口をマイナス二五度程度に冷やして凍らせ、溜まった澱を蓋ごととる。

ワインリスト（主要製品。別途記載のものを除き、容量は七二〇㎖。価格は税込み）
カタシモ河内ワイン　（赤・辛口）　マスカット・ベリーA、メルロ　一〇五〇円
カタシモ河内ワイン　（白・辛口）　甲州　一〇五〇円
カタシモ河内ワイン　（白・甘口）　マスカット・ベリーA、デラウェア　一〇五〇円
河内ワインレギュラー　（赤・辛口）　マスカット・ベリーA、メルロ　一一五一円
河内ワインレギュラー　（白・辛口）　甲州　一一五一円
柏原ワイン 赤　（辛口）　マスカット・ベリーA、カベルネ・ソーヴィニヨン、メルロ　一五二八円
柏原ワイン 白　（辛口）　シャルドネ、甲州　一五二八円
柏原ワイン ロゼ　（やや甘口）　巨峰、マスカット・ベリーA　一五二八円
合名山　シャルドネ　（白・辛口）　大阪産シャルドネ　二六二五円
堅下甲州　合名山 南西畑　（白・辛口）　限定区画の甲州　二六二五円
堅下甲州　上品畑・宮ノ上畑　（白・辛口）　限定区画の甲州　二六二五円
堅下甲州ぶどう　古酒　（白・やや甘口）　低温熟成させた甲州　二六二五円
利果園　（赤・辛口）　限定区画のマスカット・ベリーA　二六二五円
メルロ&マスカットベリーA　（赤・中口）　メルロ主体。一九九五円
氷結ワイン　大阪産デラウェア　（白・極甘口）　氷結濃縮のデラウェア　三六〇㎖一五七五円
にごりスパークリング デラウェアブドウ　中口　（白）瓶内二次発酵。一六八〇円
たこシャン　（スパークリング　白・中口）　デラウェア。クリアな色合い。瓶内二次発酵　二三一〇円

CANDY DOLCE 朱葡萄（フォーティファイド　赤・極甘口）キャンベル・アーリーとマスカット・ベリーAにグラッパを添加　二〇〇ml　二六二五円
葡萄華35度　デラウェア　樽熟（グラッパ）大阪産デラウェアの果皮を蒸留　二九四〇円
葡萄華35度　シャルドネ（グラッパ）シャルドネの果皮を蒸留　三九九〇円
葡萄華58度　甲州ブドウ（グラッパ）甲州の果皮を蒸留。ワイナリー直売のみ　一〇五〇〇円

大阪府

河内ワイン――見学しても飲んでも楽しめる老舗

河内ワインは近鉄南大阪線「駒ヶ谷」駅下車 徒歩で約八分。車では南阪奈道路「太子インター」を降り、約二キロのところにある。近くに梅酒で有名なチョーヤの本社があるが、それ以外には大きな工場や店などはなく、住宅と農地の多い地域だ。

羽曳野市は、かつて大阪府を日本一のブドウ産地に押し上げた柏原市に勝るとも劣らない大ブドウ産地であった。今も全盛期ほどではないにしてもブドウ畑は少なくないが、ライバル産地との差別化のために、ビニールハウスにより早生デラウェアの栽培が盛んである。このため、ほとんどのブドウ畑にビニールハウスがかけられている。

羽曳野市は気候は温暖であるが比較的雨の日が少なく、ブドウ栽培には適した地域。とはいえ台風の影響などを受けやすいので、時には大変な事態が発生することがある。戦前の昭和九年に室戸台風でブドウ農家が壊滅的な被害を受けたため、羽曳野市のブドウ農家に多数の醸造免許が下りた。傷ついたり落ちたりしたブドウを自分でワインにしていいということである。これを事業の機会ととらえた金銅徳一が同年に「金徳屋洋酒醸造元」を設立し、ワインやブランデー、リキュールの製造販売を始めたのが、河内ワインの始まりとなる。このときにワインを醸造していた農家や醸造所は戦後には消えてなくなってしまったが、金徳屋洋酒醸造元は羽曳野市でただ一社だけ残った。

昭和五三年に河内産ブドウ一〇〇パーセント使用の「河内ワイン」を発売。当時としては珍しい、地

河内ワイン館

域名をうたい、原料を地元産に限定したワインの販売を始めた。「河内」という地区は大阪府東部にあたり、現在でも北河内、中河内、南河内という地域区分が存在する（羽曳野市は南河内）。

金徳屋洋酒醸造元は平成八年に株式会社河内ワインと社名を変更し、現在に至る。現在の社長は四代目の金銅重行。それだけでなく、母親の金銅真代が専務、重行の弟も栽培に携わるなど、家族一丸となって河内ワインを運営している。

専務の真代は芸名「ロマネ金亭」で落語を披露することもあるなど、快活な人物。接客も彼女が行うことが少なくない。また醸造所に隣接する河内ワイン館で年に何度か行われるパーティーなどに供される本格フレンチも作るなど、まさに八面六臂の大活躍で自社を盛り上げる名物専務である。しかし彼女も最初からワイナリー経営に積極参加していたわけではなく、先代社長で夫の徳郎が若くして逝去したとき、河内ワインを盛り立てようと奮い立ったことが今につながっているという。それまでワインの醸造についてあまり詳しくなかったため、自ら神戸ワイナリーに学びに行ったことからも本気のほどがわかる。なお、現在の醸造長はその縁もあってか、神戸ワイナリーで醸造長を行っていた高坂拓郎が就任している。

自社畑ではメルロを栽培。ただ、まだ開墾中であるため、自社栽培の真価が問われるのはまだ数年先になるだろう。グルナッシュなど変わったブドウも栽培しているが、こうしたものもまだ試験段階。主な原料であるデラウェアは地元で契約栽培された青デラを使う。また、高坂が神戸ワイン時代から付き合いのある神戸市の農家からシャルドネを仕入れている。

河内ワインも生産量からすれば中堅クラスだが、神戸ワイナリーにいた高坂にとっては以前の職場と比べると数段小規模のワイナリーに移ったことになる。少ない量の醸造はあまり経験がないが、より手をかけてそれぞれのワインを見ることができるようになったと語る。

醸造しているブドウは四〇～五〇トンであるが、その半分以上をデラウェアが占めているのは、この品種の栽培が盛んな羽曳野市ならでは。工場内は非常に広いスペースがとられており、作業空間に余裕がある設計。タンクは最新のステンレスタンクが多く、赤ワインでも二次発酵の際には低温長期発酵を行うなど、タンクの機能を生かした丁寧な造りを行う。

ヨーロッパ品種の赤は主にメルロとなるが、これらは温度管理の行き届いた醸造所内で樽熟成される。高坂には樽に関してかなりこだわりがあり、時には無理を言って、まったく内側を焼いていない樽を発注したりもしている。またシャルドネはブドウの出来が良い場合に限り樽発酵を行うが、醸造は基本的には白はステンレスタンクである。

同醸造所内には梅酒のタンクもワインに負けず劣らずの数が設置され、こちらの製造も高坂が担当。製造量は七二〇ミリリットル換算で、ワインだけで約一〇万本。梅酒なども含めた河内ワインの年間売り上げは約一億二〇〇〇万円となっている。

また醸造所に併設されているレセプションルーム兼熟成庫は、壁面に樽を解体した板を使うという凝ったもの。また自宅の一部を洋風に改装したサロン・ド・トワというイベントホールもあり、こちらは重要な来客の際に利用されているようだ。

試飲販売は、事務所とは別棟の河内ワイン館で行われている。二階には、ワインを造り始めた当初の機材が展示され、古い時代のワイン造りの様子がわかるようになっている。特に昔のガス充填機などは、ここ以外ではあまりお目にかかれない代物だ。一階はスペースに余裕があるがここはコンサートなど各種企画の会場ともなっている。

商品は力を入れている梅酒の他に、伝統のあるワイナリーだけあってまだ一升瓶ワインも販売。中には新酒のデラウェアといったあまり一升瓶では見かけないようなワインも、ラインナップに含まれている。

また河内ワインの特徴としてはラインナップに甘口ワインが少ないことで、特に新酒デラウェアまで辛口に仕上げるというのはあまり例がない。ヨーロッパ品種による他のワインも元神戸ワインの醸造長が造るだけあって、非常に丁寧な造りで値段と内容のバランスは妥当なものだ。

平成二三年現在、製造するワインはまだ一〇〇パーセント純国産ではないが、経営方針として数年以内に輸入バルクワインの使用は廃止する方向。完全に国産ブドウのみでこの規模のワイナリーを運営するのは生やさしいことではないが、それに挑戦する心構えはこのワイナリーに飛躍を感じさせるのに充分である。

総論として河内ワインは醸造は人・設備ともに充分なものがそろっており、見学施設も充実しているワイナリーである。惜しむらくはこのワイナリーならではの個性的なワインが現状ではあまりないことか。ただ近隣の他社では個性あるワインができているので、畑で本格的に栽培が始まればここならではのスタイルのワインが生まれる可能性が高い。もちろん未来のことは差し引いても楽しめるワインができており、訪れる価値は充分にあることはつけ加えておこう。

（遠藤充朗）

ワインリスト（主要製品。容量は七五〇㎖。価格は税込み）
秘蔵河内ワイン（赤・中口）　山梨産マスカット・ベリーA　一〇五〇円
河内ワイン館オリジナル　アンティーク（赤・中口）　メルロ主体　一八九〇円
河内ブドウ酒　メルロー２００９（赤・辛口）　メルロ　二三一〇円
秘蔵河内ワイン（白・中口）　デラウェア　一〇五〇円
河内ブドウ酒　シャルドネ　２００９（白・辛口）　シャルドネ　二一〇〇円
シャルドネ２００８樽熟成（白・辛口）　神戸産シャルドネ　三六七五円
シャルドネ２００９樽発酵（白・辛口）　神戸産シャルドネ　三一五〇円
河内ブドウ酒　デラウェア（スパークリング　白）デラウェア　一〇五〇円

大阪府

仲村わいん工房――〝規格外〟のガレージワイナリー

仲村わいん工房は醸造所は鉄道なら近鉄大阪線上ノ太子駅、車では南阪奈道路の羽曳野東インターチェンジから降りてすぐのところにある。といっても、こちらは醸造所であって試飲販売所ではない。もともと仲村わいん工房は酒販店。購入するにはそちらのほうに行かねばならない。酒販店である仲村酒店はJR関西本線の東部市場前駅で降り、駅から国道を渡ってすぐの場所にある。

創業者である仲村光夫は、以前は酒販店を営んでいた。その光夫が、六〇代になってサイドビジネスとして昭和六三年ごろに羽曳野市の山を開墾してブドウを植え始めたのが、仲村わいん工房の始まりである。最初はデラウェアを植えていたが、息子の現二の提案で、ほどなくカベルネ・ソーヴィニヨンやメルロといったヨーロッパ品種も植えるようになった。当時、ヨーロッパ品種を熱心に植えていたのはメルシャンやマンズワイン、サントリーといった大手がほとんどで、中小のワイナリーではまだそうした動きは弱かった時代だ。にもかかわらず、ワイン用ブドウ栽培の実績がほとんどない大阪で育てようというのだから、かなりの英断である。案の定、他の醸造家に「大阪でそんなブドウが育つわけがない」とバカにされ、周囲の理解は得られなかった。なぜ、そんな早い時期にヨーロッパ品種を植えたのかというと、当時、本業が酒販店だったことと無縁ではない。現二は仕事もあってフランスなどの良質の赤ワインをよく飲んでおり、その味に思い入れがあった。ならば同じ品種を自分の畑で植えればどうなるのか。そして、他人からいかにバカにされようと他の大阪のワイナリーよりもうまいワインを造れるという思い入れがあったという。

仲村親子が畑を開墾していたころに、大阪で醸造されていたデラウェアのワインの多くは、生食として出荷できないものを原料にしていた。房の形が悪いぐらいならまだいいのだが、なかには腐敗果や未熟果などといった生食用として適さない、悪く言うと農業廃棄物のようなものまで一緒に醸造してしまう。そんな原料から造ったワインがうまいわけはない。それと比べれば、たとえ栽培・醸造はほとんど独学であろうとも、健全なブドウをワインに使う仲村わいん工房のほうが絶対にうまいはず、ということだ。

現二も思い切りがよいが、父の光夫も相当である。一般的にワイナリーを始めようという人間はワインがどうしようもないほど好きで、自分でワインを造ることが目的の第一義にくるものである。しかし、父親である光夫は醸造免許を取った動機が「ワインを造りたいわけではないが、畑でできたブドウの質を知るのに必要」というのだから、変わり者だ。しかしいざ免許を取る段になると、なかなか下りず苦労したという。平成五年果実酒の醸造免許は取得できたが、まだブドウの収穫量が充分ではなかったために最低醸造量である六〇〇〇リットルの規定量に届かず、初年度は山梨の甲州も買い付けて醸造した。

平成一五年に光夫は他界し、「死んだら、骨はブドウ畑にまいてくれ」との遺言通り、自社畑を望むコンクリートの囲いの中に遺骨が埋葬された。以後は、仲村現二がほとんど一人で畑と醸造所の運営を行っている。現在では醸造するブドウはすべて自社畑のもの。他県どころか大阪府の他の畑のブドウもいっさい使わない。

仲村わいん工房二代目、仲村現二

畑は四カ所に点在し、合計で約二ヘクタール。ヨーロッパ品種が多く植えられている「小ヶ谷」の畑は、羽曳野市の山あい、細いコンクリートの曲がりくねった道を行くと現れる。畑の斜面はきついが、水はけを良くするため、軽トラックで約六万個のコンクリートブロックを運んで土の中に埋めるなど、土壌改良の結果、段々畑のようになっている。このブロックを埋める作業は光夫がすべて手掘りで行い、殺人的な重労働の結果、畑には三〇丁を超す折れた鍬が残った。ブロックが埋められていることを現二は光夫の死後まで知らず、土を掘り返してみたところわかったという。

栽培品種はカベルネ・ソーヴィニヨン、メルロ、シャルドネ、マスカット・ベリーA、デラウェア、甲州、リースリング、マスカットなど。そして〝光夫レッド〟。もちろんこんな品種は存在しない。光夫が畑に持ち込んできた正体不明の黒ブドウなのだ。持ち込んだ本人が他界してしまったために結局品種がわからずじまいで便宜上この名前で呼んでいるが、これも醸造されて、数パーセント程度であるが赤、ロゼのワインにブレンドされている。

栽培はほとんどすべてが一文字短梢。カベルネなどの一部がレインカットの支柱を使って垣根栽培されている。ただビニールは湿気がたまるのと若いブドウの成長を抑制してしまうのを嫌って、一度もかけたことはないそうだ。減農薬の草生栽培で、特に除草剤には「そんなものを使ったワインは飲みたくない」と否定的。肥料はまったくまいていないが、雨が降ると畑の上の斜面から腐葉土の栄養分が畑に流れ込んでくるので必要ないという。現二は「畑を開いて一〇年ぐらいは思うようなブドウがとれなかった、今は比較的よいものがとれているのは樹齢と関係しているのでは」と語るとおり、素人目にもわかるほど太い幹のブドウ樹がこの畑には目立つ。

手伝う社員が一人いるが、畑そのものが広いために二人だけでは管理は容易ではない。時にはボランティアの人にも手伝ってもらうなどの工夫をしながら畑を維持している。ただ、山奥にあるためどうしても獣害はひどい。特にイノシシは若い樹を倒してしまったりと、深刻な被害をもたらしている。畑の周りに電気柵を張ったり猟友会に駆除してもらったりと対策はしているが、やはり完全に防げない。

それと仲村わいん工房は看板に「スズメバチの教える畑」と書いてあるが、本当にスズメバチが多く、完熟したメルロなどに蜂が団子のようにたかる光景が毎年恒例だという。あまり増えすぎても困るので、女王バチが飛ぶ春~初夏は罠を仕掛けて少しでも減らすようにしている。

醸造場は自宅の蔵を改装した。醸造設備の多くが光夫や親戚筋の技術者の自作品。赤も白もすべてステンレスタンクで醸造され、さらに店にたくさんあった生ビールの小さなタンクに小分けにして保管・熟成される。酵母も純粋培養酵母ではなく野生酵母を使って発酵させる。醸造はいろいろな部分で規格外だ。ただし、選果は厳しく行う、低温長期発酵といった、良質のワインを造る〝ルール〟からは一歩も踏み外していない。すべて自社畑なので年間の生産量にばらつきはあるが七二〇ミリリットルで一万本前後と、かなり少ない。

代表銘柄、「がんこおやじの手造りワイン」「手造りわいん さちこ」のラベルは手書きの筆文字を印刷した豪快なもの。ちなみに「さちこ」は現二の妻の名前だ。最上級には「蝶 白」「大阪メルロー」「カベルネ・ソービニヨン」がある。メルロとカベルネは、カベルネがなかなか納得のいくものができないことからブレンドしていたが、近年、単独でも納得のいくブドウがとれだしたことから別に瓶詰めされるようになった。「蝶 白」はリースリング主体で、そこにシュール・リーで醸造された甲州がブレンドされている。少し変わっているのは「メルロー ロゼ」。このロゼは懇意にしている店から頼まれて造ったものであるが、初年度の二〇〇九年は納得いくものができなかった。そこで次からはメルロの赤ワインを数パーセントだけ入れるなど工夫している。ロゼの原料となるメルロは、待てどもなかなか色がつかず、けっきょく赤ワイン用としては不十分と判断したブドウを主体としている。つまり色はつかなくても一番遅摘みのブドウが使われているのだ。

ワインの味について主観的な解説は避けたいが、あえて言わせてもらうと「日本離れしている」、という表現がここのワインには適切かもしれない。特に赤のカベルネ・ソーヴィニヨンやメルロは一般的な日本ワインとは異なり、むしろチリやアルゼンチンのような新世界ワインの濃縮感に近いものすら感じる。私見ではほぼすべてのワインがコンテストに出せば入賞～銀賞は確実だと思うが、各銘柄の生産数が少なすぎて国内コンテストの規定量に満たないというのは少し残念だ。

生産量が少ないから、仲村わいん工房のワインを飲む機会も少ないのはさらに残念だ。飲みたいなら仲村酒店に赴いたほうがよい。立ち飲みのできる酒販店だ。試飲即売所、とは違うのだが多種類のワインを飲む機会が確実にあり、しかもその場で気に入ったワインを購入できる。ワインの価格もさほど高くない。交通の便はいい場所なので、ぜひ訪れてグラスを傾けよう。日本ワイン愛好家であればそのワインにきっと驚かされるはずだ。

（遠藤充朗）

ワインリスト（主要製品。容量は七二〇㎖。価格は税込み）

夢あすか 赤（ミディアムボディ）マスカット・ベリーA、カベルネ・ソーヴィニヨン　一五八〇円
夢あすか 白（辛口）デラウェア主体、他に甲州　一五八〇円
がんこおやじの手造りわいん（赤・フルボディ）カベルネ・ソーヴィニヨン主体、他にマスカット・ベリーA　一九八〇円
手造りわいん さちこ（白・辛口）甲州、デラウェア、リースリング　一九八〇円
花カベルネソーヴィニヨン（赤・フルボディ）三一五〇円
大阪メルロー 赤（ミディアムボディ）三一五〇円
大阪メルロー ロゼ（やや辛口）二四〇〇円
蝶白（辛口）リースリング主体、他に甲州　三一五〇円
蝶ロゼ（辛口）メルロ　二三一〇円

大阪府

比賣比古ワイナリー——ワイナリーＩＮゴルフ場

比賣比古《ひめひこ》ワイナリーは、鉄道ならＪＲ柏原駅、ＪＲ高井田駅、近鉄堅下《かたしも》駅より車で約一〇分。車では西名阪藤井寺インターより車で約二五分のところにある。大阪府の東端、柏原市大県《おおがた》の高尾山山頂近くにあり、標高は最大でも二七八メートルとあまり高くないが岩峰の連なる厳しい山だ。車道ではないが、近鉄大阪線の堅下駅から鐸比古鐸比賣《ぬでひこぬでひめ》（大県）神社に向かい、その先にあるハイキングコースを徒歩で登っても訪れることはできる。山道なのでこちらのルートは身軽な格好が必須だが、引き換えに柏原市を眺望できる素晴らしい景色に出会えるので、時間と体力に余裕があるならこちらをおすすめしておく。ワイナリーの名前は高尾山のふもとにある鐸比古鐸比賣神社の祭神から比賣（ひめ＝女性尊称）と比古（ひこ＝男性尊称）の名をとって付けられた。

創業は平成一〇年に現在のオーナーの岡本泰明がミニゴルフ場を購入したことに端を発する。そのゴルフ場の中に、あろうことかブドウの樹を植えるという試みがこのワイナリーを生んだ。しかも、生食用のブドウを植えての観光ブドウ園ではなく、ヨーロッパ品種や醸造品種を主体としたワイン用ブドウ畑を目指していたというのにも驚かされる。栽培の専門家を呼んで植えたことからも遊び気分ではなく、かなり本気でワイン造りに取り組むつもりであったようだ。

平成一四年に醸造免許を取得すると、社内で他の仕事に従事していた照屋賀弘をワイン担当責任者として、ワインの製造を始めた。責任者といっても実質の従業員は照屋ただ一人。栽培から醸造まで全てのワイナリーの業務を行うのだから大変である。

五〇アールの畑には約一五〇〇本のブドウが植えられ、除草剤をいっさい使わず肥料も有機肥料を使用している。ただし、どうしても畑もゴルフ場も同様の管理をせざるえないために、ゴルフ場のほうは芝生が雑草混じり。池にも藻が大量に生え、カエルが鳴いていたりする自然豊かな状態である。しかし、これにはゴルフのグリーンの管理会社も参って、「ゴルフとブドウ、どちらかをあきらめてもらうしかない」とさじを投げてしまった。そこで現在は醸造長の照屋自身が多忙な中で芝刈りなどを行っているが、本人いわく「ブドウ畑とゴルフ場の両立は難しい」ようだ。

土質は花崗岩と石英の入り混じった岩盤の層で、落ちている土を拾い上げると美しい石英の結晶がはっきりわかるほどに含有量が多い。敷地内の斜面にはことごとくブドウが植えられており、そのほぼ全てがコルドン式の垣根栽培。栽培品種はメルロ、カベルネ・ソーヴィニヨン、シャルドネ、甲州（棚栽培）、マスカット・ベリーA、ナイアガラなど。ナイアガラを垣根というのは珍しいが、このブドウは樹勢が強すぎるためにあまり垣根には向いていないと、照屋は考えている。最も多く植えられているのはベリーAだが、棚栽培のブドウと垣根栽培のベリーAでは、垣根栽培のほうが果肉の弾力が強いといった違いを感じるという。他にリースリング、アリゴテといった品種も少数栽培されている。

畑は山頂にあるため、地勢上霧が多く、病気が発生しやすいのが悩みの種。しかしもっと深刻な問題も抱えている。大阪府のワイナリーは総じて獣害に苦しんでいるが、比賣比古ワイナリーはその中でも恐らく最も苦しんでいる。柏原市東側にある高尾山は、昔はあらゆる斜面を開墾してブドウ畑が造られており、そこは野生生物にとっては住みにくい地域であった。しかし、時代とともに急速に畑が自然

責任者の照屋賀弘。ゴルフコース兼ブドウ畑で

の野山に返りはじめると、イノシシなどの野生生物が再び多くすむようになる。そうなると、取り残されたように点在するブドウ畑は野生動物に非常に狙われやすくなるのだ。そして比賣比古ワイナリーは山頂に位置しており、周りにブドウ畑も少ないとあっては被害は免れない。しかもゴルフ場を運営している関係で、有効な対処方法の一つとして他社もよく使っている電気柵が使えないというのも状況を悪化させている。ゴルフ場の周りに電気柵があると、ＯＢのボールを探している客に被害が出る可能性があるからだ。しかも禁猟区であるため、対処方法としては猟友会に依頼して檻や罠で捕獲してもらう、フェンスで畑の周りを囲むといった手段しかないが、これではやはり不十分である。イノシシ、アライグマ、鳥などが主な害鳥獣だが、畑の区画によってはもう何年もブドウがとれないほどの被害を受け続けているというから深刻である。

醸造所はゴルフ場のはずれにある。圧搾は今では少数派になってしまった木製の縦型圧搾機を使用。発酵は最新式のステンレスタンクを使っている。が、じつは温度管理の装置がついていないために地下水を循環させて発酵管理を行う。これに限らず、施設全体には水道が来ていないため、すべてを地下水でまかなっている。樽はいっさい使わず、ステンレスタンクのみ。また、他社がバルクワインを輸入する際に使ったタンクをもらってきて、そこにもワインを貯蔵している。設備は十分ではないが、照屋はいつか素晴らしいブドウを使って自分の醸造技術がどれほどなのかを見定めてみたいと語っており、醸造への思いは強い。

年間生産量は台風の有無によるのでブレが大きいが、今のところ総じてかなり少ない。

ワインの銘柄名はすべて漢字一文字。「康」は自社と山梨の甲州の白で、クリーンなスタイル。「博」はカベルネとメルロのブレンドで、これも値段分の価値はある赤ワインだ。原料ブドウは自社畑産に加え、国内産の買い入れブドウを使用（購入量は天候や害獣被害などによる不足分なので、年々変わる）。すべての銘柄にヴィンテージが表記されている。ワイン全体としては栽培で困難な状況にありながらもそれを感じさせない出来栄え。特にマスカット・ベリーAのワイン「華」は面白い個性を持っている。

ワイナリー直売の他に、大阪府内の酒販店や近鉄デパートなどにおいても販売されている。

このワイナリー、いや正確にはゴルフ場兼ワイナリーは、ワインの直売所に行くだけならともかく、畑を眺めるのは必然的に有料になってしまう。畑と併設のファミリーゴルフ場は平日一五〇〇円、土・日・祝日二〇〇〇円（火曜定休）で運営されているが、このホールに行かない限り畑を間近で見ることはできないからだ。日本にはいろいろなワイナリーがあるが、畑を見ようとするとゴルフをやることになるというのはここだけではないだろうか。照屋は膨大な仕事に追われているので、どうしても訪問したいという時はあらかじめ電話で先方の都合を聞くべきだろう。

多くのハンディキャップにもかかわらず見るべきワインができているのは驚きで、もう少し人手があればさらなる飛躍の可能性を思わせる。稀に見るユニークな特徴も含め、注目されてもよいと思う。

（遠藤充朗）

ワインリスト（容量は七二〇㎖。価格は税込み）
華（赤・ミディアムボディ）　自社畑マスカット・ベリーA　一五七五円
博（赤・ミディアムボディ）　カベルネ・ソーヴィニヨン、メルロ　自社畑産と国内産。二一〇〇円
隆（赤・ミディアムボディ）　自社畑カベルネ・ソーヴィニヨン　二一〇〇円
史（赤・ミディアムボディ）　メルロ。自社畑産と国内産　二一〇〇円
康（白・辛口）　自社畑甲州と山梨産甲州　一五七五円
泰（白・やや甘口）　自社畑ナイアガラ　一五七五円

兵庫県

神戸ワイナリー――神戸市民に愛される都市型ワイナリー

明治以来、国際港として栄え欧米文化の影響を色濃く受け、ハイカラなイメージを持つ兵庫県神戸市。この神戸市にひときわスケールの大きなワイナリーが存在する。第三セクターである財団法人神戸みのりの公社（神戸市のほかJA兵庫六甲などが出資、箸尾哲司理事長）が運営する神戸市立農業公園神戸ワイナリーである（ちなみに株式会社神戸ワインという会社があるが、これは神戸みのりの公社一〇〇パーセント出資の神戸ワイン販売部門である）。

兵庫県は歴史的に見てもワイン造りとは縁が深い。神戸ワイナリーのある西神地区を含む東播台地には日本有数のワイン造りの過去が埋もれているのだ。明治一三年に政府によって開設された播州葡萄園である。三〇ヘクタールの畑に数十種類のフランス系を中心としたワイン用品種のブドウを植え付けた大規模かつ本格的な葡萄園である。しかしその後フィロキセラなどの被害で明治二九年廃園となった幻の葡萄園である。ちなみに日本で広く栽培されているマスカット・ベリーAの母樹と岡山県で栽培されているマスカット・オブ・アレキサンドリアは播州葡萄園から分けられた苗木の子孫だ。播州葡萄園については本書二二四ページを参照されたい。

さて、神戸ワイナリーは神戸市街地の西、明石市に近い南向きのなだらかな丘陵地帯である東播台地にある。北に一〇キロも下れば明石海峡であり、淡路島とそこへ伸びる明石海峡大橋の威容が見られる。降雨量の少ない典型的な瀬戸内海気候である。

自社畑、醸造設備を中心に市民が楽しめる農業公園でもある

ワイナリーを訪れるには新幹線西明石駅が近く、駅からタクシーで三〇分ほどで着く。ただ西明石駅に停車する列車が少ないので、新幹線の新神戸駅で下車し、市営地下鉄西神・山手線に乗り換え西神中央駅で下車、「神戸ワイナリー」行きのバス（土日のみ一時間に一便程度運行）に乗っていくほうが便利だろう。移動時間は地下鉄で約三〇分、その後バスで一〇分ほどでワイナリーに着く。車だと第二神明道路玉津インター（約二〇分）、山陽自動車道三木東インター（約三〇分）のどちらからも近い。

昭和五六年頃からの第三次ワインブームと呼ばれた時代に、ハイカラな印象を持つ神戸という街が造り出すワインとして日本中に話題を提供したのを記憶している方も多いのではないだろうか。神戸ワイナリーの母体である財団法人神戸市園芸振興基金協会（平成一二年に神戸みのりの公社に改称）が設立されたのは昭和五二年だが、そもそものきっかけは神戸市内東播台地の農業用の水不足であった。この地区の農業用水を確保するために昭和四五年からダムを造成するなどの東播用水事業が開始された。その結果三〇〇ヘクタールという広大な農業用地が生まれることになり、何を植えるかで農家や市の担当部署で頭を悩ますことになった。その一角にワイン用のブドウを植えてはどうかと提案したのは、当時神戸市長であった宮崎辰雄である。市長として海外に赴くことの多かった宮崎は、ヨーロッパのブドウ畑が織りなす景観を思い浮かべ、欧米で生活に密着しているワインを神戸で造ることはできないだろうかと常々思っていた。すでに神戸ビーフは全国で有名になっており、神戸ワインを合わせることで、市の農業振興に加え、ワイナリーを観光資源にし、豊かな食生活を提案できると考えたのだった。神戸市園芸振興基金協会が設立されると同時にブドウの試験栽培も始まった。黒ブドウはセイベル１３０５３、カベルネ・ソーヴィニヨン、ピノ・ノワール、メルロ、カベルネ・フラン、白ブドウがセイベル９１１０、リースリング、甲州、竜眼など一二品種七〇〇〇本の苗木が植えられた（翌年にはシャルドネも加わる）。ワイン造りが目的であったので生食用のアメリカ系ブドウは選択肢に入っていなかった。五八年には酒類製造免許を取得、翌年にはワイン醸造に成功している。また都市近郊型農業の振興を考える市はブドウ栽培と並行してワインを核とした観光の拠点を創出すべく、ワインの城を中心とした農業公園の整備を進めており、こちらは五九年に開園した。同時に神戸ワインの販売も開始され、折からの地ワインブームともいわれる第三次ワインブームも手伝い、瞬く間に国産ワインのスターのひとつとなったのだった。

スタート時の成功は、人材に恵まれたことも一因であろう。初代の醸造責任者は当時の日本におけるワイン醸造に多く関わった岩野貞雄（東京農業大学農学部卒、イタリアのトリノ大学でブドウ栽培とワイン醸造を学ぶ。北海道池田町ブドウ・ブドウ酒研究所初代所長）。昭和五六年からは二代目の醸造責任者として三田村雅（福井大学工学部卒）が赴任する。三田村は化学の研究のためにドイツのマインツ大に国費留学をしていたが、そこでワインの素晴らしさに感銘を受け、以後ワイン醸造家を志す。世界的なワインの研究で知られるドイツのガイゼンハイム大学の研究所やフランス、コルマールの国立農業研究所でブドウ樹とワイン醸造の研究をし、帰国後マンズワインで働いていた。山梨で問題になっていたブドウの糖度が上がらない「味なし果」がウイルスによるものであることの究明に関わった、多大な功績があった人物である。神戸ワインのスタイルや品質を語る上で、三田村が平成一三年に定年退職（現在は顧問）するまでの長期間にわたり、醸造の中心にいたことの意義は看過できない。

神戸ワイナリーはすべて神戸市産のブドウを原料としている。畑はワイナリーのある押部谷地区に広がる二・一ヘクタールの自社畑のほかに、平野地区（二一・六ヘクタール）、大沢地区（一七・一ヘクタール）の六二軒の契約農家からのブドウが供給されている。ブドウ栽培の指導には、ワイナリーの栽培主任である末松勢二（兵庫県農業大卒）を中心に県、市、ＪＡが連携してあたっている。もともと用水事業が必要だったことからわかるように瀬戸内海式気候で降雨量は少ないうえ、水はけが良く、ブドウの栽培に適しているといえる。設立当初からワイン造りを目的にしているだけあって、ヨーロッパのような見事な垣根仕立ての畑が広がる。現在植えられている品種は、シャルドネ、カベルネ・ソーヴィニヨン、メルロ、信濃リースリング、リースリング。樹齢がおおむね二〇〜二五年、設立当初に植えられたブドウは三〇年を超している。樹齢とともにブドウの房が小さくなり、一本の樹あたりの収量は減るが、凝縮感のある高品質の実をつけるようになってきている。除草剤は使用せず、農薬もボルドー液を中心として、できるだけ有機農法に近づける努力をしている。

年間約五〇万本に及ぶワイン造りは、西馬功製造課課長の下で醸造主任の濱原典正（近畿大農学部卒）ら若手が中心となり、あたっている。濱原らが現在最も力を入れているのは「ベネディクシオン・シリーズ」だ。平成二〇年、フランスに四年間留学し、フランスのエノログ（ワイン醸造技術管理士）国家資格を取得した渡辺佳津子（現在は北海道北斗市で自身のワイナリー開設を目指して準備中だが、収穫・仕込みなどの重要な時期には助っ人としてワイン造りに参加している）が帰国すると、彼女を中心にスタッフ全員で醸造方法の見直しが行われた。そして生まれたのが、「天の恵み」という意味を持つベネディクシオン・シリーズである。ラベルデザインは若手絵本作家・ちばみなこによる、太陽の恵みの下で生き生きとした動物やブドウが描かれたものに決まった。

ベネディクシオン・シリーズは、これでもかというくらい徹底的に手造りにこだわったワインである。リースリングは自社畑の樹齢三〇年になるブドウのみを使用し、ベストのタイミングを見計らってワイナリーのスタッフで収穫している。シャルドネとカベルネ・ソーヴィニョン、メルロは契約農家の畑も含めて、その年で最も出来の良い畑のブドウを使用している。収穫はもちろん手摘み（日本では自動収穫機は北海道ワイン所有の一機のみ）、スタートした平成二〇年にはまだ選果台が導入されていなかったため、パートを含む職員総出で収穫されたブドウをひと房ひと房選別し、未熟果や虫・カビに侵された不良果を徹底的に取り除いていった。気の遠くなるような作業だったという（翌年からは選果台が導入され、作業スピードが大幅に改善されるとともに、さらに厳しい選果ができるようになった）。そのようにして選り分けられた、まさに粒よりのブドウだけが次の工程に進む。圧搾も足で踏み、手で搾る。メルロとカベル・ソーヴィニョンが収穫された日などはブドウがそれぞれ四トンにもなるため、

左から、醸造主任の濱原典正、製造課長の西馬功、栽培主任の末松勢二

朝九時から夜一〇時まで製造課のスタッフ七人が総出で圧搾にあたる。機械による圧搾より搾汁率は下がるが、緩やかな酸化が良い効果を与えるのか、柔らかい良質な果汁が得られるという。「文字通りの一日仕事で肉体的にはつらい作業だが、満足感は高いですよ」と濱原はさわやかな笑顔で語る。搾った果汁は、圧力による余計なストレスを避けるため、ポンプを使用せず重力を利用して流す。発酵には従来の大型タンクではなく、ロットごとに小容量のタンクを導入。培養酵母だけでなく、神戸のブドウには神戸の酵母が良いだろうと野生酵母を一部使用し、自然な発酵をさせて味わいや香りに複雑さをもたらしている。ピジャージュ（色素や香味をより抽出させるために行う、赤ワインの発酵中に浮いてくる皮や種を櫂棒によってワイン中に沈める作業）など、発酵管理もほぼ手作業だ。赤ワインはオーク樽で熟成させるが、熟成中も樽ごとに入念にチェックして特に良い具合に熟成した樽のものだけを選抜して、ようやく製品化されるのは半分程度し

かないそうだ。また三トンから一五トンの小ロットのブドウにも対応できる圧搾器が平成二〇年に導入された。これは品種ごとに圧力を変えられるという新型で、ベネディクシオン・シリーズ以外のワインも、今まで以上にきめの細かい造りができるようになった。

ワイナリーは当初から観光資源として開発されただけあって、来場者数は年間二〇万人を超え、休日はワイン愛好家だけでなく家族連れなどでにぎわう。駐車場から南欧風のレンガ色の屋根と白いしっくいの堂々たるゲートをくぐると、中庭を囲むようにワインショップ（試飲コーナーあり）、ワインカフェ、ガラス窓ごしに見学できる醸造設備などがある。また中庭にはドイツで発掘された西暦二〇〇年頃のワイン運搬船の石製模型や、一九世紀前半に使われていた木製の大型ブドウ圧搾器など興味深いものが展示されている。家族連れに人気があるのが、一〇〇〇人収容可能なバーベキューコーナー（食材の持ち込みも可能！）やゴーカート、パターゴルフもあり、子どもたちの歓声が絶えない。

観光ワイナリーとして市民に愛されつつ、ワイン造りは転換期にある。従来の神戸ワイナリーは均一化された大量生産型のワイン造りが主流だったが、ベネディクシオン・シリーズは、量から質への新しい方向性に挑む神戸ワイナリーの姿勢が見える新しいフラッグシップといえる。また、数多くの契約栽培農家の中で、ワイン用ブドウの栽培に関心を持つ数軒がグループを作り、ブドウ栽培を熱心に研究しているのも注目してよい。今後、更に進化していくであろう神戸ワイナリーに注目を続けたい。

（遠藤　誠）

商品リスト（別途記載のものを除き、容量は七二〇㎖。価格は税込み）

セレクト・赤（ライトボディ）カベルネ・ソーヴィニヨン、メルロ　一二三五円
セレクト・白（やや辛口）シャルドネ　一二三五円
セレクト・白（やや甘口）リースリング主体　一二三五円
セレクト・ロゼ（やや甘口）カベルネ・ソーヴィニヨン、メルロ主体　一二三五円
エクストラ・赤（ミディアムボディ）カベルネ・ソーヴィニヨン、メルロ　一六〇〇円
エクストラ・白（やや辛口）シャルドネ　一六〇〇円
エクストラ・白（やや甘口）セイベル、信濃リースリング、シャルドネ　一六〇〇円
エクストラ・ロゼ（やや辛口）カベルネ・ソーヴィニヨン、メルロ、シャルドネ　一六〇〇円
ノーブル・赤（ミディアムボディ）カベルネ・ソーヴィニヨン、メルロ。　樽熟成　一八五五円
メルロー・赤（ミディアムボディ）樽熟成　三一六七円
カベルネ・ソーヴィニヨン・赤（フルボディ）樽熟成　五二六七円
エレガント・白（辛口）シャルドネ　一五四〇円
リースリング・白（甘口）二一一七円
ベネディクシオン・ルージュ２００８（赤・フルボディ）メルロ、カベルネ・ソーヴィニヨン
二八〇〇円
ベネディクシオン・リースリング２００８（白・やや甘口）五〇〇mℓ一八〇〇円
ベネディクシオン・ブラン２００９（白・辛口）シャルドネ　二八〇〇円
プレミアム・赤（ミディアムボディ）メルロ。樽熟成　二五〇〇円
プレミアム・白（辛口）シャルドネ。小樽発酵　二五〇〇円
ＭＩＮＯＲＩスパークリングワイン　白（やや甘口）シャルドネ、信濃リースリング、リースリング五〇〇mℓ一〇八〇円
シャルドネスパークリングワイン２００５（甘口）七五〇mℓ二〇〇〇円
ロゼスパークリングワイン２００７（甘口）カベルネ・ソーヴィニヨン、メルロ、シャルドネ　二〇〇〇円

神戸ブランデー　五〇〇㎖三一五〇円
神戸葡萄ミニグラス（赤・ライトボディ）カベルネ・ソーヴィニヨン、メルロ一二〇㎖二五〇円
神戸葡萄ミニグラス（白・やや甘口）シャルドネ、リースリング一二〇㎖二五〇円

第三章　中国・四国地方のワイナリー

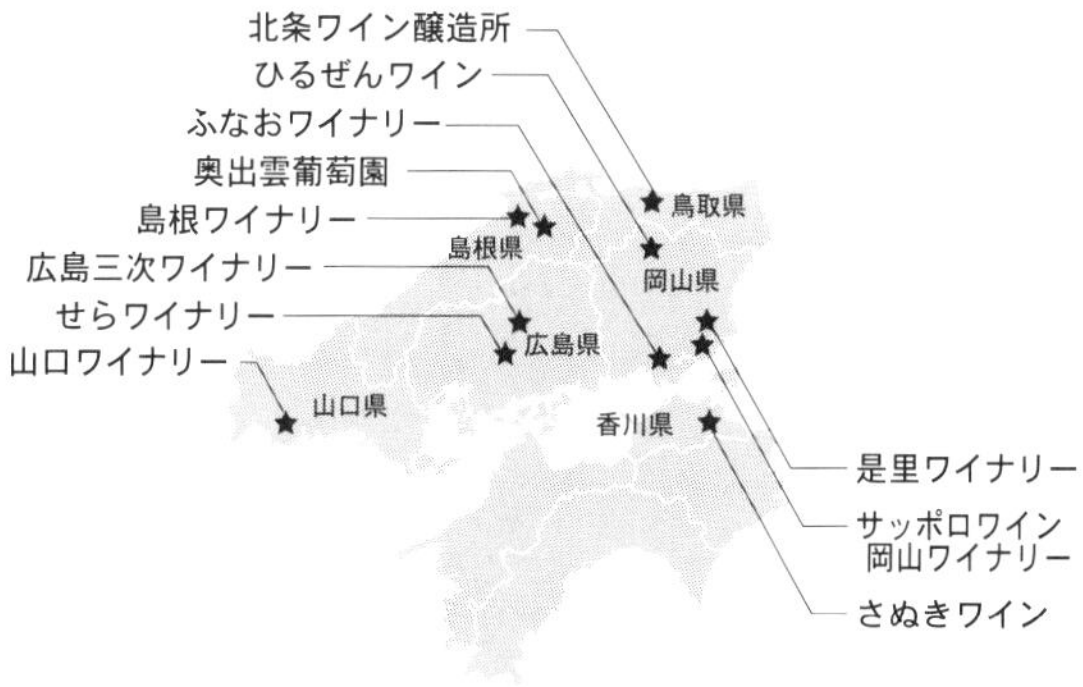

鳥取県

北条ワイン醸造所——砂丘がはぐくむ歴史あるワイナリー

鳥取と聞いてまず多くの人が思い浮かべるのは、鳥取砂丘であろう。食べ物なら二十世紀梨と松葉がに、らっきょうが名産品として名高いが、じつはブドウも比較的多く生産されていることはあまり知られていない。ワイナリーもポツンと一軒だけ存在しており、それが北条ワイン醸造所である。北条ワインは、鳥取県中部、東伯郡の旧北条町（現北栄町）にある。ワイナリー近辺は北条砂丘の一部となっており、山陰の海はすぐ目の前である。東西に長い鳥取県には鳥取砂丘以外にも日本海に面していくつかの砂丘が点在しており、北条砂丘もそのひとつである。

ワイナリーへのアクセスは、ＪＲ利用の場合、山陰本線の倉吉駅か下北条駅が最寄り駅となる。距離的には下北条駅のほうが近く、歩いておよそ一五分。倉吉駅からは車で一五分程度である。ワイナリーと海岸の間には国道九号線が通っているため、車利用の場合は、近くにある道の駅「大栄」を目指して行けばよい。

北条ワインの創業は、第二次世界大戦中にさかのぼり、中国地方では最古、西日本全体でも三番目に長い歴史を持つ。創業者は、現ワイナリー代表、山田定廣の父である山田定伝。大正の初め、当時銀行員であった定伝は二〇歳になり、徴兵検査を受けたところ、甲乙丙丁の下の「戊《ぼ》」という判定。原因は心臓病を患っていたためであり、軍医から名古屋の医学博士に診てもらうべく紹介状をもらう。紹介状を手に名古屋に赴いた時、病院の待合室で偶然知り合った知多半島の造り酒屋の人間と意気投合。病気

北条ワイン醸造所外観

自体は「当面大丈夫」とお墨付きをもらったため、そのまま造り酒屋で事務職として働くこととなった。

一〇年ほど造り酒屋で経験を積み、故郷北条に戻って母親と農業を営んでいた頃、地元にブドウ酒醸造所建設の話が持ち上がる。それは軍需省からの要請であったが、目的はブドウ酒ではなく、ブドウ酒を醸造する過程で生成される酒石酸であった。ワインを醸造する際にワイン樽にたまる沈殿物を酒石と呼ぶが、この酒石中に含まれるのが酒石酸である。酒石から酒石酸を精製する過程で、圧電現象を持つ「ロッシェル塩」が採取される。このロッシェル塩が第二次大戦中、潜水艦や魚雷に反射する音波をキャッチする水中音響機器（ソナー）に使われたわけである。

ワイナリー内部は現在非公開となっているが、戦時中に建てられた旧工場を特別に見学させてもらうと、その歴史の重みと頑丈な造りに驚かされる。確かに築七〇年近い建物であるため古さは否めないが、大規模な木造建築、かつ、梁や柱の一つ一つに巨木が使われており、物資が不足がちであったはずの当時にこれだけの建物を建設したことからも、いかに酒石酸が日本軍にとって貴重な戦略物資であったかがうかがえる。

造り酒屋での経験を生かして独立したいと考えていた定伝は、軍の要請を受ける形で資金作りに奔走。酒造免許も取得して昭和一九年、念願の「北条ワイン醸造所」を設立する。ところが、創業の翌年、二〇年に太平洋戦争が終結。醸造所の主目的であった酒石酸の需要は途絶えてしまった。

北条ワインは甘味ブドウ酒の免許を持っていなかったため、戦後、ワイン醸造では生計が成り立たなくなる。当時、牛の飼育や小麦、菜種の栽培、製材や醤油、ビネガーの製造など、六～七種類の事業を掛け持ちして、何とか醸造免許を手放さず、家業を続けてきた。その頃の貴重な体験を持つのが、現当主の山田定廣である。

定廣は、昭和一一年、七人兄弟の長男として生まれる。戦中、戦後にかけて父親の苦労と情熱を見て育った定廣は、早くからワイン製造で北条ワイン醸造所を発展させたいと考えていた。その思いを実現すべく、東京・滝野川の国税庁醸造試験所で半年間研修。その後、大阪で商売の経験を積み、二九歳で帰郷。創業者の定伝と二人三脚で、ワインの品質向上、販路拡大に取り組んだ。四〇年には定廣が後を継ぎ、戦後の経営を支えた他事業を整理して、ワイン醸造を中核とした現ワイナリーの基礎を固めている。

ワイナリーは長い歴史を持つが、生み出されるワインは辛口主体の現代的な味わいである。使用品種も甲州、マスカット・ベリーAのような国産・交配種だけでなく、シャルドネ、メルロ、カベルネ・ソーヴィニヨンといった欧州系品種を積極的に取り入れている。

北条砂丘の一角にある自社畑の面積は五ヘクタール。ここで主要品種を栽培する。生食用ブドウは栽培していない。原料ブドウは、すべて地元産を使用している。もともと北条砂丘はブドウの産地として知られており、特に甲州は一〇〇年以上の長い歴史を持つという。現在も、ワイナリー近辺では海側でブドウ、山側で梨が広範囲に栽培されている様子を目にすることができる。

畑は、砂丘であるがゆえに当然に砂地。水はけが良く昼は太陽光の照り返しが非常に強い。灌漑設備として、スプリンクラーが必要なほどである。逆に夜は、砂地が熱を放出するとともに日本海からの海風が加わるため、ブドウの生育環境としては昼夜の寒暖差が大きいという好条件を備えている。

ブドウ樹の仕立ては、棚栽培が中心である。土壌には牡蠣殻や石灰をまいて、弱アルカリ性を保つ工夫をしている。砂地でも、メルロやカベルネ・ソーヴィニヨンといった欧州系品種の糖度も十分な水準に上げることができるという。病害虫対策としては、ベト病への対応が中心となる。海岸近くであるため、タヌキ、イノシシといった動物の被害はない。ただしカラスは例外で、テグス糸を張ったり、衝撃音で撃退を図っている。

醸造設備は、戦時中に建てられた旧工場の内部には歴史を積み重ねたものが多い。日本酒の醸造設備と共通するものも散見されるが、中でも、「槽《ふね》」と呼ばれる搾り器が残っていることに興味を引かれる。

平成元年には、旧工場の隣に新工場を建設した。こちらも木造を主体とした建築となっているため、独特の落ち着いた雰囲気を持つ。現在、ブドウの圧搾作業はこちらの作業場で行っている。また、甲州種を用いたスパークリングワインへの挑戦を始めており、ルミアージュ（動瓶）の作業は、広々とした新工場で注意深く行われている。

北条ワインの生産量は、七二〇ミリリットル換算でおよそ八万本。現時点では県内消費が中心であるが、皆生《かいけ》、三朝《みささ》、羽合《はわい》といった県内の温泉地、空港などでも、お土産品として販売されている。「量にはこだわらず、より良い品質を求め、付加価値のあるワインを造る」が、このワイナリーのポリシーである。ワインのラインアップは、「スタンダード」「ヴィンテージ」「砂丘」の各シリーズが中心。「砂丘 赤」は、国産ワインコンクールで2005が銀賞、2007が銅賞を受賞した。このほか、限定した年のみ樽熟成させた「バレル」や、甘口ワイン、ヌーヴォーワインも販売している。

現在のスタッフは、代表の定廣を含め七名。このうち長男の山田章弘は、後継者として甲府市勝沼町のまるき葡萄酒や、フランスのブルゴーニュ、ボルドーに留学し、経験を積んでいる。章弘がヨーロッパの技術をしっかり身につけてくれれば、伝統と新しい技術の結びつきから、ユニークなワインが生まれるかもしれない。

北条ワインの周りには見所も多い。ワイナリーのすぐ近くにはお台場公園があり、江戸時代の末期、ペリー来航の頃、日本の海岸線の各所に外敵を防ぐために設けられた台場が、よく保存され、国の史跡に指定されている。また北栄町は、漫画「名探偵コナン」の作者、青山剛昌の出身地であり、台場のすぐ近くには、旧製鉄工場を移設・改築したコナン博物館がある。また、その目の前の「道の駅大栄」は、全国で最初に登録された道の駅でもある。

こうした観光名所と組み合わせて、北条ワインをPRしていくことも、今後の可能性のひとつではないだろうか。北条ワインの歴史と伝統が次の世代へと受け継がれていく過程で、新しい展望が開けてくるに違いない。

（丸山高行）

ワインリスト（主要製品。容量は七二〇㎖。価格は税込み）
北条ワイン 赤（ライトとミディアムの中間）マスカット・ベリーA　一〇八〇円
北条ワイン 白（辛口）甲州　一〇八〇円
北条ワイン ロゼ（やや甘口）マスカット・ベリーA　一〇八〇円
北条ワイン ヴィンテージ 赤（ミディアムボディ）メルロ　一八〇〇円
北条ワイン ヴィンテージ 白（辛口）甲州　一八〇〇円
北条ワイン 砂丘 赤（中重口）カベルネ・ソーヴィニヨン　二三四〇円
北条ワイン 砂丘 白（辛口）シャルドネ　二三四〇円

島根県

奥出雲葡萄園――神話の里に抱かれた珠玉のワイナリー

神話の里、出雲の国から広島方面へ向かうためには、国道五四号線を通る。五四号線は宍道湖畔にある宍道の町を起点とし、広島に至る。途中の木次《きすき》から三次《みよし》にかけての中国山地一帯を、「奥出雲」というが、その奥出雲の一角に、奥出雲葡萄園はある。ワイナリーの住所は島根県雲南市木次町。木次は歴史の古い町であり、桜の名所としても名高い。山陽と山陰を結ぶ主要ルートの中継点として早くから栄え、鉄道も町の中央部をJR木次線が通っている。かつての木次線は急行「ちどり」が走る主要幹線であったが、今は典型的なローカル線となり、本数も極めて少ない。ワイナリーへは、木次線の木次駅か日登《ひのぼり》駅が最寄り駅となるが、車利用が無難である。現在は国道五四号線沿いに三刀屋《みとや》まで高速が開通しているため、出雲空港からタクシーに乗れば約三〇分でワイナリーに到着できる。

ワイナリーは、木次の中心部からやや離れた小高い丘の上にあるが、ふもとの木次の町を代表する企業が木次乳業である。じつは奥出雲葡萄園も、木次乳業の一事業部門として誕生した経緯がある。木次乳業の創業は、昭和三七年。創業以来、「地域と自然との共生」を経営方針として掲げ、牛乳やチーズなどの高品質の乳製品を生産していた。その木次乳業の創始者であり当時社長であった佐藤忠吉が、昭和五〇年代後半のある時、日本における山ブドウ研究の第一人者である澤登晴雄に出会い、触発されてワイン事業に取り組みだした。それが奥出雲葡萄園誕生の直接的なきっかけである。

そもそも佐藤は、日本における有機農業のパイオニアとして、早くから地元木次の地で有機農業の普

奥出雲葡萄園外観

及に力を注ぎ、昭和四七年に「木次有機農業研究会」を設立。地元の農業関係者との交流を深めていた。そのメンバーの一人が、有機農法で山ブドウの交配種を育て始めたが、山ブドウ系品種はジャムやワインなどに加工しないと商品価値が低い。これを見た佐藤は、地元の特産品である山ブドウを活用して何か事業化につなげられないかと、常日頃問題意識を抱えていたという背景がある。

奥出雲葡萄園のスタートは平成二年。佐藤忠吉の息子、佐藤貞之（当時の木次乳業代表取締役専務）、地元木次町の酒造メーカー社長、酒の卸会社の社長、日本葡萄愛好会に所属する農家二名が出資者となり、有限会社奥出雲葡萄園が設立された。二年後の四年に醸造免許を取得。同年、現ワイナリーの所在地からおよそ二キロほど離れた場所にあった旧工場で、ワイン醸造を開始する。現在ワイナリーがあるのは、木次町の自然豊かな山あいに広がる交流体験型の施設として、平成一〇年に誕生した「食の杜」の中である。そもそも木次町は、昭和四一年に「健康の町」を宣言し、早くから健康を基本とした町づくりを展開してきた。主力産業である農業についても、「健康農業」を積極的に推進。こうしたコンセプトを共有するメンバーが集まって生み出されたのが、食の杜である。

奥出雲葡萄園は、食の杜のシンボル農園として、平成一〇年に敷地内にブドウ園を開園する。さらに食の杜内にある現在の場所に新ワイナリーを建設し、翌一一年に新設オープンを迎えている。

ワイナリーのスタッフは、正社員六名、パート八名の一四名体制である。しかし、平成二年の設立当初のメンバーは二人のみ。その一人が、現在のワイナリー発展の立役者、ワイナリー長の安部紀夫である。安部は島根大学農学部農芸化学科出身。卒業後、鳥取県境港の水産加工会社に就職する。ここに二年ほど勤務した後、木次乳業に入社する。入社を決めたのは、当時社長の佐藤忠吉と出会い、彼の理念に共鳴したからだと話す。木次乳業に入社して、同社の工場で牛乳製造に取り組んでいた入社二年目に、突然、社長の佐藤から、奥出雲葡萄園の立ち上げを命じられる。「ワイン造りに携わるなど、思ってもみなかった」という安部は、もちろんワイン醸造など未経験。まず醸造技術の基本を身に付けるべく、平成二年の一年間、東京都北区の国税庁醸造試験所で研修を受ける。さらに翌三年の半年間、山梨県の丸藤葡萄酒工業でも研修を受け、四年より、いよいよワイン造りを開始する。安部は醸造技術と同時に、栽培技術も身につける必要があった。この時、彼の支えとなったのが、「自然と共生し、地域と共存する」という、木次乳業グループおよび食の杜プロジェクトの基本コンセプトである。良いワインを造る決め手は、やはり良いブドウに尽きる。そのためには、テロワールに合った適性品種を見出すことが、最大のポイントとなる。奥出雲というブドウ栽培の前例がない土地で、安部は二〇年近くの長きにわたり、適性品種を見極めるべく試行錯誤を続けている。

ワイナリーがある小高い丘は、標高一五〇メートル。ここに約三ヘクタールの自社畑を持つ。ワイナリーの目の前には、天照大神の弟であるスサノオノミコト（須佐之男命）が出雲の国で八岐大蛇を退治する際、強い酒を仕込んだと伝わる御室山が佇む。この御室山とワイナリーとの間のやや低くなった山あいの窪地にあるブドウ畑が二ヘクタール。また、ワイナリーの裏手にある畑が一ヘクタールの広さである。これに契約栽培農家が六軒、面積にして四ヘクタールのブドウ畑が加わり、国産ブドウ比率一〇〇パーセントのワイン造りを支えている。栽培されている品種は、かなり幅広い。欧州系としては、白ブドウではシャルドネを筆頭にソーヴィニヨン・ブラン、黒ブドウではカベルネ・ソーヴィニヨン、メルロが栽培されている。さらに、欧州系交配種のセイベル９１１０のほか、奥出雲葡萄園の特色として山ブドウ交配種に力を入れており、ホワイト・ペガール、ブラック・ペガール、ワイングランド、国豊3号、小公子などが栽培されている。もともとは山ブドウの交配種がワイナリー設立のきっかけとなったこともあるが、食の安全を考えた時、山ブドウの血を受け継ぐのであれば頑強で農薬も使わずにすむのではないかという発想で、交配種に力点が置かれた。しかし、山ブドウ品種にも限界があることが次第にわかり、途中から世界的にスタンダードなヴィニフェラ系の品種も積極的に手がけるようになる。現在は、ヨーロッパ系と山ブドウ系の二本柱の栽培体制となっている。

自社畑からのブドウ比率は、全生産量の四二パーセントを占める。契約農家の所在地は、地元の木次町、鳥取県の北栄町および琴浦町である。このうち木次町では小公子が、琴浦町では、ホワイト・ペガール、メルロが主に栽培されている。自社畑の土壌は、花崗岩の崩壊土である「マサ土」というもの。この土壌はヨーロッパのボージョレ地方やアルザス地方などで見られるもの。見た目は白っぽい土であるが、畑に入れて肥料を入れると、黒っぽい土に変化するという。ブドウ樹の仕立て方は、自社畑では垣根仕立てが中心。ワイナリーのある地は降水量が比較的多いため、レインカットを施している。ほとんどがマンズ・レインカット方式であるが、一部改良マンソン方式を採用している。畑は山あいにあるため、鳥獣対策には神経を使っている。タヌキなどの動物には、ネットで対応している。鳥の中ではやはりカラスが難敵だが、テグス糸を張っておくことで一定の効果があるようである。

ワインの生産量は、年間およそ三〇キロリットル。七五〇ミリリットル換算で、約四万本である。奥出雲ワインは何といってもシャルドネ・シリーズが有名であるが（樽熟成タイプが国産ワインコンクール２００３で銅賞受賞）、カベルネ・ソーヴィニヨンやメルロを使った赤ワインも高品質を確保している。また、スタンダードな奥出雲ワイン・シリーズは、山ブドウ交配品種を用いてオリジナリティーのある味わいを醸し出している。醸造は、いずれもステンレスタンクで行っている。現在は、五〇〇〇リットルが八本、三〇〇〇リットルが二本、二〇〇〇リットルが五本、一〇〇〇リットルが二本という陣容である。ワイナリーの地下には貯蔵庫を備えており、ここに小樽七〇本が保存されている。

ワイナリーの一階には大きな薪ストーブがあり、その先の階段を下りると、正面に貯蔵庫がある。ガラス越しに見える貯蔵庫は照明が程よく落とされて、幻想的な雰囲気に満ちている。なお、樽熟成されているワインは、白はシャルドネ、赤は奥出雲ワイン「赤」とカベルネ・ソーヴィニヨン、メルロ、小公子の四種類である。

ワイナリーの周囲は、涼しげな木々やハーブ類、アジサイといった草花に取り囲まれている。ワイナリーに入ると一階奥に、カフェ&レストランが併設されている。レストランはフレンチ、中華を勉強した木次町出身の若手シェフを採用し、レベルを上げている。地元の自然な食材を使ったセンスあふれる料理は、特に女性客に評判が良い。平日のランチでも、遠く出雲市方面からも来訪者が訪れ、満席となる日も多い。ワイナリー一階には、他に、こぢんまりとした販売スペースがある。奥出雲ワインを中心に、奥出雲葡萄園セレクトのチーズ、ジャム、ジュース、調味料などの地元の食材が展示・販売されている。地下には樽貯蔵庫の他、ギャラリー・スペースがあり、地元の人を中心に、絵画や工芸、手芸といった作品の展示・販売に利用されている。一〇人程度で使える個室もある。

奥出雲葡萄園はある意味、現時点でかなり完成度の高いワイナリーといえる。ワインの品質は高く、すでに西日本でも有数の高評価を得ている。ワイナリーの建物や内装も洗練されており、自社畑も含め、整備が行き届いている。また、レストランも評判がよく、地元との交流も積極的に進めている。

このようなワイナリーを今後、どのように発展させていくか。じつはこの問題は、かなり解決の難しい難問といえる。少子・高齢化によってマーケットの縮小が進み、さらに円高の進行などによって海外ワインの競争力が急速に高まっている状況下、日本の多くのワイナリーが直面する大きな課題でもあるだろう。安部の考え方の一部を知り、さらに奥出雲葡萄園の取り組みを眺めた時、その解決の方向性は次の三点ではないかとおぼろげながら考えられてくる。

第一は当然ながら、ワインの質をさらに高めることである。奥出雲葡萄園では、フラッグシップワインであるシャルドネについて、従来の樽をかけない「アンウッディッド」と樽で熟成させた「樽熟成」タイプに加え、２００９年ものから新たに「樽発酵」タイプを加えた。ここのシャルドネは、フランスの専門家が注目したほど高品質かつ個性を備えたものである。また、山ブドウ交配品種であり、野性味あふれる小公子を使った「奥出雲ワイン 小公子」に力を込める。こうした個性ある品種や製法を追求するとともに、コストの引き下げにも努力しなければならないだろう。

第二の方向性が、ワイナリーの属する食の杜全体をさらに発展させることである。現在の食の杜に参加しているのは、奥出雲葡萄園の他、豆腐工房、パン屋など未だ少数である。まず考えられるのが、フランスのオーベルジュのような、センスのある宿泊施設の建設である。ただし、あまり多くの観光客が押し寄せるのは奥出雲葡萄園の本意ではないはずで、採算面との兼ね合いが難しいところである。

第三の方向性は、食の杜からもう少し視野を広げて、島根県全体を活性化させる取り組みである。島根県は石見銀山の世界遺産登録により、観光客が増えた。平成二三年には松江開府四〇〇年、二五年には出雲大社の六〇年ぶりの大改修が完成し、平成の大遷宮などイベントが続く。すでにワイナリーとこうした観光スポットやイベントを組み合わせたツアーが、組まれ始めている。今後の島根県全域に及ぶ観光機運の盛り上がりをどうワイン販売に結び付けていくか、アイデアと工夫が望まれる。

奥出雲の自然を大切にし、その自然を極力、自然な形でワインに昇華させる。生み出されたワインを無理に広範囲に売り出すことはせず、地元の人々への還元を第一に考える。こうしたコンセプトを忠実に守りながら地域活性化が果たせれば、日本の多くの土地に勇気を与えることは間違いない。奥出雲葡萄園の歩む道から、多くのヒントが得られることを待ち望みたい。このような山間僻地で、出色のワインが生まれるということは、ワインを研究するものにとってじつに興味深い。やはり、ワインは優れた造り手、人の考え方と姿勢で生まれるものだということを痛感させられる。

（丸山高行）

ワインリスト（容量は七五〇㎖。価格は税込み）

奥出雲ワイン 赤（ライトボディ）ブラック・ペガール　一八三七円
奥出雲ワイン メルロ（赤・ミディアムボディ）二九四〇円
奥出雲ワイン カベルネ・ソーヴィニヨン（赤・ミディアムボディ）二九四〇円
奥出雲ワイン 小公子（赤・ミディアムボディ）三六七五円
奥出雲ワイン 白（辛口）セイベル、ホワイト・ペガール　一八三七円
奥出雲ワイン シャルドネ（白・辛口）三一五〇円
奥出雲ワイン シャルドネ アンウッディッド（白・辛口）二三一〇円
奥出雲ワイン シャルドネ 樽発酵（白・辛口）三九九〇円
奥出雲ワイン ソーヴィニヨン・ブラン（白・辛口）二三一〇円
奥出雲ワイン ロゼ（やや甘口）カベルネ・ソーヴィニヨン、メルロ　一八三七円

島根ワイナリー——出雲大社に寄り添う、驚異的集客力の大規模ワイナリー

日本では通常、旧暦一〇月を「神無月《かんなづき》」という。一〇月は出雲大社に全国の神が集まって一年の計を話し合うため、出雲以外の地には神がいなくなるという伝説による。特に、出雲大社に神が集まるのは縁結びの相談のためとされるため、出雲大社は「縁結びの神様」として、現代でも全国各地から多くの参拝客を集めているわけである。

島根ワイナリーの所在地は、島根県出雲市大社町。出雲大社から東におよそ二キロ、国道四三一号線沿いに立地する。鉄道を利用する場合は、一畑電鉄出雲大社線の終点、出雲大社駅が最寄り駅である。また自分で車を運転する場合も、出雲大社を目標に走ればよいから迷うことはない。

島根ワイナリーは、中国地方ではその規模を誇るワイナリーである。特筆すべきは集客力で、平成二三年二月一二日には、昭和六一年三月二〇日のオープン以来二四年一一カ月で、累計来場者数二四〇〇万人を達成した。単純計算でも年間約一〇〇万人の来場者を集めていることになる。ちなみに、日本のレジャー施設でも、集客力が年間一〇〇万人に達する施設はそう多くはない。このように今日繁栄を見た島根ワイナリーだが、その歴史は、むしろ苦難に満ちたものであった。

島根県のブドウ栽培の歴史は古く、慶応年間に島根県中部の浜田市でブドウが植栽されたという記録が残っている。明治二三年前後には平田市を中心に、出雲市、斐川町でブドウが栽培され、各所にブドウ酒製造工場も存在した。本格的にブドウ栽培の機運が高まったのは大正の中期からで、第二次世界大

島根ワイナリー外観

戦中は一時期減退を余儀なくされたものの、戦後、昭和二〇年代後半頃から、海岸線を中心に栽培拠点が拡大していった。昭和三〇年頃には、現在の出雲市周辺だけでなく、浜田市、島根県西部の益田市でも栽培が盛んに行われるようになった。当時の栽培品種はデラウェアとマスカット・ベリーAが中心であったが、特にデラウェアは、海岸沿いの砂質地帯にも適合する品種として、多くの栽培農家が手がけた。ただし、デラウェアの収穫期である八月は降雨に見舞われることが多く、裂果や着色不良による被害が深刻化した。当時のデラウェアは露地栽培であったため生果販売が主で、生産者の間で加工施設を必要とするニーズが高まっていった。こうした状況を受け、昭和三二年、島根県中央事業農業協同組合連合会（中央連）により、旧JR大社駅近くに、「簸川《ひかわ》地方葡萄加工所」が建設された。これが島根ワイナリーの萌芽である。加工所建設にあたっては、株式会社寿屋（現サントリー）の技術指導を受けたものの、生産設備が貧弱だったうえに原料果汁として寿屋に提供する必要があったため、その作業は過酷を極めたという。

昭和三四年八月、条件付きながら待望の果実酒製造免許を取得。社名を「有限会社大社ぶどう加工所」と改める。続いて三五年には、寿屋に代わって協和発酵系列の日本葡萄酒株式会社の技術指導を得て、本格ワインを初めて醸造する運びとなった。その後、三七年三月、社名を「有限会社島根ぶどう醸造」に変更し、工場や生産設備を刷新。三九年七月には「株式会社島根ぶどう醸造」に組織変更し、職員の強化と本店業務の拡充を図った。ところが、本格的なワインを造る設備が整う一方で、原料ブドウとして、生食用の余剰分や、裂果や病気に侵された、いわば農業廃棄物が持ち込まれる量も多くなっていった。こうしたブドウから生産されるワインの質が良かろうはずはなく、必然的に売れ残るワインの量が増え、赤字が累積していった。

昭和四九年、発展的改革としてＪＡ島根経済連（現在はＪＡ全農と合併しＪＡ全農島根県本部）に経営権が移り、「島根経済連ぶどう酒大社工場」となった。しかし、経営は好転せず、増資もできない施設は老朽化の一途をたどる。その後、五八年一二月、島根ぶどう出荷対策協議会において経済連より、累積赤字が一億円を突破した実態が初めて公表されるとともに、工場の廃止が提案された。ところがこの提案を受けた地元生産者代表が工場の廃止に異を唱え、復活ののろしを上げる。農家にとってはブドウの加工場は生計を維持する貴重な存在であったこと、生産されるワインも徐々に品質が向上し、採算面でも改善の兆しが見え始めていたことが反対派の強力な援軍となった。廃止論はこの時点から急速にワイナリー建設論に傾き、関係者の間で黒字化できるワイナリーにすべく、議論が重ねられていったのである。こうして六一年、現在の島根ワイナリーが誕生する。名称を「島根経済連島根ワイナリー」と変更するとともに、現在の場所に大規模なワイナリーを新設した。その後平成一〇年に株式会社として独立、「株式会社島根ワイナリー」となった。その後の急成長ぶりは先に見た通りである。

現在のワイナリーは、敷地四万八四〇六平方メートル、建物は七四三六平方メートルという広大なものとなっている。駐車場には大型バス二五台、自家用車三五〇台を収容できる。ちなみに、昭和六一年の立ち上げ当時のワイナリー敷地は現在の四分の一程度だったが、その後予想以上の来訪者を迎えて拡張した。敷地内には、ワインや島根県の特産品を展示・販売する試飲即売館「バッカス」、上質の島根和牛が楽しめるバーベキューハウス「シャトー弥山《みせん》」、憩いの時間を過ごせるビストロ&カフェ「シャルドネ」が点在する。すべてが南欧風のデザインに統一され、噴水を囲むように、優雅な雰囲気を醸し出している。

島根ワイナリーを訪れると、その規模の大きさに驚かされるが、中でも、試飲即売館バッカスの光景が圧巻である。店内は百貨店の土産物売場といった雰囲気。地元出雲だけでなく、島根県内ほぼ全域の名産品が集められている。このバッカスに、ピーク時には観光客が次々と大型観光バスで乗りつける。その売り上げが、島根ワイナリーの屋台骨を支えているといっても過言ではない。平成二二年度で見ると、ワイナリー全体の売り上げは一六億円であるが、そのうち、ワインは三割程度。残りの七割が、土産品やバーベキューハウスの売り上げとなっている。

規模の拡大とともに、財政基盤やスタッフも充実させている。現在の島根ワイナリーの資本金は八〇〇〇万円。社員数は、正社員に臨時職員、パートを含め約七〇人。代表は今岡豊である。ワインの製造および販売関係は、製造販売課が行っている。製造グループのリーダーは醸造責任者の樋野学。研究グループのリーダーは足立篤である。また栽培責任者は、藤原和彦が務める。

ワイン醸造用のブドウは、多くを島根県内の契約農家から調達している。ワイナリー全体で年間、三〇〇〜四〇〇トン受け入れているが、季節的に一番早いのがデラウェアである。デラウェアは、毎年六月から七月にかけ、出雲管内から一〇〇トン余りを受け入れる。主として平地かつ砂地での栽培であり、多くがビニールハウスで栽培されている。他の品種にもいえるが、近年は原材料の高騰と契約農家の高齢化が悩みの種である。

デラウェアに続くのが、シャルドネ、ソーヴィニヨン・ブラン。これらは八月下旬に島根県西部の益田地区から、それぞれ一トン、一〇トン届けられる。益田地区の栽培地は、萩・石見空港近くと海岸沿いの砂地に二七ヘクタール、七二軒の栽培農家を確保している。九月に入ると、マスカット・ベリーAを、出雲、益田、安来の各地区から一〇〇トン受け入れる。また九月中旬には、益田、出雲から甲州を一〇〇トン、出雲、安来、益田からメルロを一〇トン受け入れるといったスケジュールである。

これだけ多くのブドウを処理するために、醸造設備も大規模なものとなっている。醸造タンクは一八八本を数え、うちステンレス製が一〇六本、木製が八二本という構成である。ステンレス製も大型のものが多く、平均容量が七〇〇〇リットル。一番大型は三万リットルであるが、この大型タンクが二二本並ぶ光景は、なかなかの壮観である。

ワインの生産量も膨大であり、果実酒と甘味果実酒を合わせて、七二〇ミリリットル換算でおよそ六五万本。そのうち、四割が果実酒、六割が甘味果実酒である。また果実酒だけでも、四六アイテムというラインアップとなっている。島根ワイナリーが造り出すワインについては、残念ながら現時点では、観光ワイナリーが提供する「お土産ワイン」のイメージが強い。実際、現在のラインアップは、一〇〇〇円台がほとんど。しかも、訪れる観光客の年齢層が五〇代後半以降と高いこともあって、昔のワインのイメージを踏襲した甘口タイプのワインが主流となっている。しかしワイナリーの内部では、本格ワイナリーを目指す新しい動きが始まっている。

平成二〇年、島根県の奥出雲町に、横田ヴィンヤードという自社畑を開拓した。標高は四〇〇メートル、面積は約一ヘクタールである。この土地をシャルドネ、カベルネ・ソーヴィニヨンに合うように土壌改良して、栽培を始めている。カベルネ・ソーヴィニヨンは、平成二三年の秋に初収穫の予定である。またデラウェアについても、早摘みしたブドウを用いたワインを平成一八年から商品化している。酸が残る状態で早摘みしたデラウェアは、デラウェア本来の香りというより柑橘系の香りが前面に出ている。

島根ワイナリーの今日の発展をもたらした最大の理由は、やはり出雲大社の存在にあったということができよう。出雲大社の年間参拝客数が約二三〇万人。その半数近くを島根ワイナリーに引き寄せている。観光客のニーズを踏まえ、低価格の甘口タイプの品ぞろえを充実させるとともに、豊富な土産品をそろえて買い物客の利便性を高めた。このビジネスモデルに、島根県内の農家のブドウ生産・加工ニーズがうまくかみ合って、島根ワイナリーは大きく成長したわけである。

しかし、このビジネスモデルの成功がいつまでも続くという保証はない。たとえばワインの味わいについて、時代は急速に辛口嗜好を強めている。また、観光客の構成も、次第に辛口ワインで育った世代が中心になりつつある。今後の課題としては、大量生産される甘口ワインと少量生産される辛口ワインとのバランス、辛口ワインの更なる品質向上、観光ワイナリーからの脱皮と本格ワイナリーとしてのイメージアップが挙げられよう。

（丸山高行）

ワインリスト（主要製品。容量は七二〇㎖。価格は税込み）

えんむすび 赤（辛口）一三五〇円

えんむすび 白（やや辛口）一三五〇円

えんむすび ロゼ（やや辛口）甲州、マスカット・ベリーA　一三五〇円

葡萄神話カベルネ&メルロ（赤・辛口）一三六五円

葡萄神話シャルドネ（白・辛口）一三六五円

葡萄神話ベリゴ 赤（辛口）一六四五円

葡萄神話ベリゴ 白（辛口）一六四五円

マスカット・ベリーA 2008（赤・辛口）一八九〇円

早摘みデラウェア（白・やや甘口）一三六五円

マスカット・ベリーA スパークリングワイン（赤・辛口）一九九五円

デラウェア スパークリングワイン（白・やや甘口）一六八〇円

岡山県

是里ワイナリー――地元農家の素人集団が始めたワイン造り

岡山県赤磐市は、平成一七年、旧赤磐郡内の山陽町、赤坂町、熊山町、吉井町が合併して誕生した。岡山市の北東部に隣接する人口約四万五〇〇〇人ほどの街である。旧山陽町辺りの市街地は岡山市のベッドタウンであるが、そこから旭川に沿って岡山吉井線（県道二七号線）を北上すると、「晴れの国岡山」のキャッチコピーにふさわしい光景を目の当たりにすることになる。是里ワイナリーへは、この道をひたすらまっすぐ進めばいい。東京方面からは、山陽新幹線で岡山駅まで行き、山陽本線に乗り換え瀬戸駅からタクシーで約二〇分、もしくは岡山駅からレンタカーを借り、山陽自動車道の山陽インターチェンジで降りて、先の岡山吉井線を北に向かう。岡山駅からの所要時間は約一時間である。

だが、カーナビを目的地の住所に設定してもワイナリーらしき建物は見当たらない。その代わりに巨大な駐車場と巨大なテーマパークが山間の敷地いっぱいに広がっている。ドイツをイメージしたその名も「ドイツの森」（正式には「岡山農業公園ドイツの森クローネンベルク」）。この中に是里ワイナリーがある。駐車場前の階段を上り、入園ゲートをくぐると、きれいに整備された芝生や花畑が目に飛び込み、山小屋風の建物や彫像が点在していて、ヨーロッパのどこかののどかな田園風景だとは思うが、それがドイツだと気づかされるのは、アコーディオンが鳴り響くポルカ風ＢＧＭとソーセージを焼く匂いだった。

公園自体の運営は、愛媛県西条市にある「株式会社ファーム」。農村型観光施設を全国一四カ所に展開している。このドイツ村は五〇万平方メートルの敷地に総工費四三億円をかけて、平成七年四月にオープンした。農業公園とうたうだけあり、花畑はもちろんのこと、羊の放牧場や乳搾り体験など動物と触れ合う場や、地ビール工房、ソーセージの工房まで備わっている。開園後しばらくは年間一〇〇万人の来場者があったが、現在は二〇万人程度に落ち着いている。

是里ワイナリーもこの施設の一部として存在している。ソーセージを焼いて売っている屋台の隣である。ぐるりと塀に囲まれた門をくぐった先の、赤い屋根の二階建て。入るとまずワインを売る売店、その奥にワイナリーがある。このワイナリーの設立は、この公園の開園と同時ではない。昭和六〇年六月、当時の吉井町が九〇パーセント、JA岡山東と農家が一〇パーセント出資して旧吉井町是里に設立した第三セクター(株式会社是里ワイン醸造場)である。現在「リゾートハウスこれさと」という宿泊施設がある場所から、ドイツの森開園と同時に引っ越した。第三セクターは変わらないが、現在は赤磐市が七九パーセント、株式会社ファームが九パーセント、JA岡山東と農家が一二パーセントの出資比率となった。

当時の是里のブドウ農家は、主にキャンベルブドウの栽培で生計を立てていたのだが、どうも売れ行きが怪しくなってきた。そのうえ、農家の高齢化という問題も出てきた。そこで、農家救済策として加工用のブドウを栽培し、さらにブドウの付加価値を高めるべくワイナリーを設立しようと、当時の吉井町町長の井上透が中心となり稼動し始めた。

昭和六〇年一月二一日付の山陽新聞によると、当時の代表、是里地区長の金森光国(製造担当)はじめ奥本旭(技術責任者)、平尾四郎、ブドウ生産組合長の井上丈夫、町後継者クラブ会長の井上治美、久延和夫が取締役として名を連ねていたが、いずれも是里の町に根付く農家の人々である。「農民自主

「ドイツの森」の中にあるワイナリー

管理の『素人集団』によるワインづくりはめずらしい」と記されている。

この六人が、まず岡山県農業総合センター（現在の岡山県農林水産総合センター）で研修の後、試行錯誤しながらワイン造りに励んだ。当時はプレス機もタンクも日本酒用の中古であった。

現在の代表は赤磐市長の井上稔朗。井上透の息子である。醸造担当は、製造課の戸川秀昭ただ一人。地元、旧吉井町の高校卒業後は一〇年間建設会社に勤めたが、ある日の新聞広告でこのワイナリーの募集を見たのが入社のきっかけだった。したがって当時の戸川もワイン造りはズブの素人であったのだ。設立当初のメンバー金森が平成一二年まで、一二年から一六年までは井上治美が社長を務めたが、他のメンバーは高齢などの理由で辞めていった。

ドイツの森に引っ越し、一億五〇〇〇万円ほどかけて最新鋭の醸造機器をそろえ、戸川はいよいよ本格的にワイン造りに乗り出す。とはいえ、素人の戸川ひとりでは土台無理な話である。入社した最初の一年間は兵庫県丹波市に「丹波青垣ワイナリー」を立ち上げた進藤恭が指導にあたった。次の一年は旧吉井町と姉妹都市であったドイツのヴァルハウゼン村（ナーエ州）から技術者が派遣された。その後の三年間は山梨県勝沼のイケダワイナリーから池田俊和が通って教え込み、平成二二年ごろから戸川を中心とした醸造が始まる。

自社畑はなく、農協からピオーネ三トン、キャンベル三トン、マスカット・ベリーA二トン、マスカット二トンを買っているほか、契約農家一軒からリースリング四トンを買っている。

もっとも、このリースリングは、改良品種のリースリング・フォルテかもしれないし、リースリング・リオンかもしれないが、正確なところはまだわかっていない。年間生産本数は一万四〇〇〇本（七二〇㎖換算）、年間売上高は二〇〇〇万円。

国産ワインコンクール2011ロゼ部門において、「これ里わいん キャンベル 2010」が銅賞を受賞、キャンベル救済策として設立されたワイナリーとして一仕事を果たした。（小山田貴子）

ワインリスト（別途記載の容量のものを除き、容量は七二〇㎖。価格は税込み）

これ里わいん キャンベル 赤（辛口）一二〇〇円
これ里わいん キャンベル ロゼ（甘口）一二〇〇円
これ里わいん ピオーネ（ロゼ・甘口）二〇〇〇円
Koresato Wine ベリーA（赤・辛口）マスカット・ベリーA　一五〇〇円
Koresato Wine リースリング（白・やや辛口）一五〇〇円
マスカット（白・やや甘口）マスカット・オブ・アレキサンドリア　三七五㎖一〇〇〇円

岡山県

サッポロワイン　岡山ワイナリー――地元に根を下ろした大手メーカーのワイナリー

「晴れの国」がキャッチフレーズの岡山県。晴天率が全国一ということに由来するが、かつて一度だけ、その全国一の座を山梨県に明け渡してしまったことがある。たいそう悔しがったらしいが、現在は岡山県が奪還している。この晴天率、すなわち降雨量の少なさは山梨県とよく似ている。どちらも果樹栽培が盛んで、双方が「果樹王国」といって譲らない土地柄である。「日本におけるブドウの産地は？」と問われたら、山梨県と答える人は多いだろう。それは正解で、作付面積、生産量ともに山梨県が日本一である。では、「マスカットは？」と問われると、岡山県以外に思い浮かぶところがないのではないだろうか。「果物の女王」と呼ばれるこの高貴なブドウのほとんどが、岡山県で生産されている。

そんな土地柄に目をつけた大手ビール会社、サッポロが岡山にワイナリーを建てたのは昭和五九年。場所は現在の赤磐市。岡山市の北東部に隣接する。平成一七年、赤磐郡内の山陽町、赤坂町、熊山町、吉井町が合併し赤磐市となった。ワイナリーは、旧赤坂町に位置するところにある。

東京からのアクセスは、山陽新幹線岡山駅下車、山陽本線で瀬戸駅まで行き、そこからタクシーで二〇分。もしくは岡山駅からレンタカーを借りて山陽自動車道、山陽インターチェンジで降りて県道岡山吉井線（県道二七号線）を北上すること約一〇分で到着する。ちなみにこの道をさらに一〇分ほど北に進めると、是里ワイナリーのある「ドイツの森」に行ける。車を降りてまず目に飛び込んでくるのは、ワイナリーの壁一面に絡みついたツタの葉々である。壁の白い部分がまるで見えない。ここに四半世紀の歴史が感じ取れる。派手なデザインや色使いはしておらず、バブル最盛期の建物としてはずいぶんと地味に抑えたな、という印象だが、屋根瓦は全部本物の備前焼だそうだ。

サッポロとしてのワイン事業は山梨県勝沼からスタートした。サッポロビールが明治九年に創業して一〇〇周年に当たる昭和四九年のことである。当時の社長、門脇吉一が、日本のワイン市場の将来性に目をつけ、サッポロビールの持っていた製造技術や販売経路が活用できるとして参画に至った。場所の選択は、原料確保、業界情報の収集、企業イメージ、技術の習得と考え、勝沼が最適と判断した。まず四七年、当時の丸勝葡萄酒から醸造権を買い上げて稼動。翌四八年には長野県に「古里ぶどう園」という自社畑を開墾し、カベルネ・ソーヴィニヨンとメルロを植えた。初めての商品は、五二年五月二四日に発売した「ポレール」である。なお、社内公募で選ばれた「ポレール」とはフランス語で北極星を意味する。サッポロビールのシンボル、★マークは北極星なのだ。

その勝沼ワイナリーも軌道に乗り、需要も増大してきた。そろそろ拡張をと考え、白羽の矢が立ったのが岡山だった。高級食用ブドウ、マスカット・オブ・アレキサンドリアの産地であるということと、西日本のワイン需要の伸張の大きさを鑑みての選択だった。勝沼でワイン事業が始まってから一〇年後の昭和五九年のことである。初代大日本麦酒（現在のサッポロビールとアサヒビールの前身）の社長にして「東洋のビール王」といわれた馬越恭平が、岡山県の井原市出身というのも何か縁があるのかもしれない。

そう話すのは、平成二一年三月より工場長兼管理部長として赴任してきた横幕和幸である。横幕は京都大学大学院で食品工学を学んだ後、昭和五九年サッポロビール入社。静岡の中央研究所（現・価値創

サッポロワイン岡山ワイナリー外観

造フロンティア研究所）に四年。六三年から三年間、ドイツのミュンヘン工科大学でビール醸造を学び、平成三年から三年間は名古屋工場でビール醸造の研修、六年から五年間は千葉の分析センター（現・価値創造フロンティア研究所に移管）、一一年九州日田工場（大分）立ち上げから関わり、品質管理部長として6年間、一七年から四年間、千葉工場の品質管理部長を経て現職。大きな組織ゆえ異動が激しく、長くなってしまったが、要は、横幕はビール一筋人間で、今回始めてワインに携ることになったのである。サッポロワイン株式会社の社員としての門出である。二二年にワインアドバイザーの資格を取ったといい、新たな土壌を嬉々として耕しているという印象だ。

醸造を担当するのは、副工場長と製造部長を兼務している伊藤和秀。伊藤は昭和五九年、山梨大学発酵生産学科を卒業し、サッポロワイン株式会社入社。サッポロワインの社員としての入社は伊藤が二人目である。翌年、国税庁の醸造試験所（当時は東京・滝野川、現在は広島県にある酒類総合研究所）で研修後、勝沼ワイナリーで醸造担当を五年、製品（現在のパッケージング）を四年担当し、平成九年末から岡山ワイナリー製造統括部で五年間醸造を担当。平成一五年からは製造部長として再び勝沼に戻る。一七年末から東京、恵比寿の本社にて生産技術開発部長として五年勤務の後、二二年八月より現職。余談だが、横幕は千葉からの、伊藤は山梨からの単身赴任である。醸造は他に木口敦夫（平成元年入社、広島大学工学部卒）が平成二二年三月からマネジャーとして担当している。

奇しくも横幕と伊藤がサッポロに入社した年に岡山ワイナリーが設立されたわけだが、この当時のワインといえば、海外原料のバルクワインが主流で、酒屋には一升瓶（中身はワイン）がゴロゴロ並べられていたのが普通の時代。サッポロはこれに危惧を抱いていた。また同時に将来を見越し、安価なワインと平行してもっと高品質な国産ワインを造ろうということになった。ワイン事業が始まってからしばらくは、国産ワインにバルクワインをブレンドした「ポレール」をリリースしてきたが、徐々に国産ワインの品質が向上するにつれ、他社も純国産のプレミアムワイン（メルシャンの「シャトー・メルシャンシリーズ」を先駆として、サントリーの「登美の丘」、マンズワインの「ソラリスシリーズ」など）を次々に発売するようになる。サッポロワインも平成一五年「グランポレールシリーズ」を誕生させ、以降同社のフラッグシップ・ワインとなる。

平成一五年といえば、国産ワインコンクールが始まった年でもある。第一回（2003年）から「北海道余市貴腐1994」が金賞（最優秀カテゴリー賞）、「長野古里ぶどう園カベルネ・ソーヴィニヨン2000」が銀賞など、サッポロ勝沼ワイナリーから出品したものは好調な滑り出しを切った。一方

左・工場長の横幕和幸、右・副工場長の伊藤和秀

岡山ワイナリーは、北米系等品種（白）カテゴリーで「グランポレール岡山東備マスカット・オブ・アレキサンドリア　フリーラン2002」が入選（銅賞に次ぐ賞）、一〇〇パーセントリンゴ果汁から造ったスパークリングワイン「りんごのちから」が銅賞（最優秀カテゴリー賞。第一回と第二回はまだブドウ以外が原料のワインの出展が認められていた）と、勝沼には少し水をあけられた形となったが、その後は岡山県産のマスカット・オブ・アレキサンドリアで造ったほのかな甘口のワインが銅賞の常連となり、2008年には「プティグランポレール　岡山マスカットベリーA 樽熟成 2007」が銀賞（最優秀カテゴリー賞）、2010年には「グランポレール　岡山マスカット・ベリーA　バレルセレクト2008」が金賞と、岡山県産マスカット・ベリーAを使ったワインが頭角を表し、快挙を成し遂げている。

そのマスカット・ベリーAは、井原市の契約農家六〇軒、計三・五ヘクタールの畑から収穫したものを使っている。樹齢は古いもので六〇年、ほかも大体二〇年以上、短梢剪定の棚仕立てである。マスカット・オブ・アレキサンドリアは全農岡山を通して、購入量には年によってばらつきがあるが、三〇～六〇トン買っている。生食用に育てられたブドウではもちろんない。生食用など使おうものなら、いったいいくらの高級ワインになってしまうか想像もつかない。ゆえに農家は、生食用とワイン醸造用を分けて栽培し、その醸造用のブドウを売っているのである。醸造用のブドウは、多少粒の大きさが不ぞろいでもよい分、手間がかからないので、生食用よりは安く上がるのだ。それでもキロ当たりの単価が、他の醸造用ブドウ品種に比べて破格に高い。

岡山ワイナリーではこのマスカット・オブ・アレキサンドリアで造る「グランポレール　岡山マスカット・オブ・アレキサンドリア」がレギュラー商品としてあるのだが、これとは別に、発売を岡山と備後エリアに限定して「ポレール　マスカット・オブ・アレキサンドリア」（および「ポレール　ピオーネ」の二種類）を昭和六一年から（ピオーネは平成二年から）リリースしている。このことをはじめ、他にも地元地域に根ざした活動、消費者に門戸を広げる活動を率先しているのも、岡山ワイナリーの特徴である。

このワイナリーの庭は広大なもので、池まである。庭の小高いところにある社屋の前には三〇アールほどの小さな畑がある。ここにはマスカット・ベリーAが植えられている。これが事実上の自社畑になるのだが、この畑のブドウは商品用ではなく、地元赤磐市立軽部小学校の生徒たちのブドウ栽培実習に使われている。ワイナリー内に子どもたちの楽しそうに実習している写真がそこここに貼られている。もうひとつ、「サッポロ　マイワイン体験教室」にもこの自社畑は使われる。二月の剪定作業から新芽の手入れ、ブドウの収穫、醸造、最後は一二月の瓶詰めに至るまで計五回（その間に栽培や醸造などの講義やテイスティングもあり）、応募した一般の消費者がこの一連の作業を体験できる、平成一六年から続いている大人気のイベントである。勉強や体験ができて、最後には自分で栽培・醸造したワインにオリジナルラベルが貼られ、フルボトルを一二本持って帰れる。このイベントに関しては儲ける気もなく（平成二三年は全工程で一人二万円）、何より参加者に喜んでもらいたいし、ワインを知ってほしい、好きになってほしいという願いで開いている。

ワイナリーも、開館時間内であれば自由に見学ができる。プラネタリウムかと見紛うのは入り口の「プロムナード」。真っ暗な天井にはサッポロの象徴であるポレール（北極星）を中心にした星がビッシリ。幻想的なBGMが流れ、一瞬現世を忘れる。ふと我に返るとこの建物がバブル時代のものだということを思い出すのだが。このプロムナードを抜けるといよいよ工場である。特に珍しいものはないが、とにかく大きい。巨大だ。それもそのはずである。

じつは平成二二年八月、サッポロワインが大きく再編された。これまでデイリーワインを勝沼ワイナリーと岡山ワイナリーで分担して生産してきたのだが、これから勝沼ワイナリーは、グランポレールシリーズに特化したワイン造りを行い、岡山ワイナリーは一部のグランポレールとその他の岡山県産ブドウを使った商品のほか、サッポロの国産ワインすべてを生産することになったのである。海外原料をブレンドした安価なデイリーワインを含む二〇〇以上のアイテムを一気に引き受けることになったわけだ（生産比率は勝沼二五：岡山七五）。これに伴い勝沼から醸造機器も引っ越し、本社にいた伊藤も引っ越してきた。このことによって西日本最大規模のワイナリーと化した重責を担うために。

現在の工場全体としての年間生産量は一一五万ケース（七二〇ミリリットル×一二本）。そのうちグランポレール岡山を含む純国産商品は約二万八五〇〇ケースである。年間売上高は全体で三七億四五〇〇万円、そのうち純国産は二億八九〇〇万円。

伊藤は言う。ここでは二つの使命があると。ひとつは岡山産グランポレールというプレミアムをどう昇華させていくか。その年ごとでブドウの出来も変われば醸造方法も変えなければならず、これに「もっとおいしく」を追求しなければいけない。もうひとつはデイリーワインという量産アイテムの質を常に一定に保つこと。これらを平行・両立してやっていくこと、これこそが岡山ワイナリーの大使命なのである。

（小山田貴子）

ワインリスト（別途記載のものを除き、容量は七二〇㎖。価格は税込み）

＊岡山ワイナリーで生産されるワインは二〇〇アイテム以上あるため、今回は岡山ワイナリーで造られている純国産ワイン（グランポレール、およびポレール）のみを紹介した。

グランポレール 岡山マスカットベリーA バレルセレクト（赤・ミディアムボディ）二三一〇円
グランポレール 岡山マスカットベリーA（赤・ミディアムボディ）一四七〇円
グランポレール 岡山マスカット・オブ・アレキサンドリア〈薫るブラン〉（白・微甘）三一六七円
グランポレール 岡山マスカット・オブ・アレキサンドリア〈薫るマール〉（ブランデー）三七五㎖ 四二〇〇円
ポレール マスカット・オブ・アレキサンドリア（白・微甘）岡山・備後エリア限定発売。二五六六円
ポレール ピオーネ（ロゼ・微甘）岡山・備後エリア限定発売 二五六六円

岡山県

ひるぜんワイン――山ブドウに恋する高原のワイナリー

中国山地は中国地方の「背骨」の部分に位置し、山口県を除く四県を瀬戸内海側の二県（岡山県、広島県）と日本海側の二県（鳥取県、島根県）に分ける。山脈の南側を「山陽」、北側を「山陰」と呼ぶ。中国山地は比較的険しく、中国地方最高峰の大山を筆頭に、一〇〇〇～一五〇〇メートル級の山々が連なる。また、自然が豊かな地が多い。蒜山《ひるぜん》高原は、自然豊かな中国山地の東側、岡山県と鳥取県の県境近くに位置する、標高五〇〇～六〇〇メートルの高原である。岡山県最北部のこの地は、早くから関西地方と山陰地方を結ぶ主要ルートの中継点として賑わいを見せていた。現在でも、年間の訪問者数は二〇〇～三〇〇万人に上る。ちなみに、高原内にある休暇村は、全国の休暇村の中で宿泊数第一位となっている。名物といえば、古くからジャージー牛乳やジンギスカン料理が有名である。これに近年は、B級グルメ・グランプリで全国二位となった「ひるぜん焼きそば」が加わり、一気に知名度が上がった。

その蒜山高原の名物に、新しくワインが加わった。それが、ひるぜんワインである。ワイナリーは、広大な蒜山高原のほぼ中央部の、小高い丘の上にある。現在は高原の南部に米子自動車道の蒜山インターがあるため、車でのアクセスが最適である。JRの最寄り駅は遠く、強いていえばJR伯備線の江尾駅であるが、ここからタクシーに乗っても四〇分ほどかかってしまう。

ひるぜんワインの生い立ちは、山ブドウと密接な関わりを持つ。昭和五〇年代前半、蒜山高原への観光客立ち寄りが一〇〇万人を突破した頃、名物料理を作ろうという話が地元川上村で持ち上がった。その際、選ばれたのがジンギスカン料理であった。料理の次は飲み物を、という話になった時、地元の山ブドウマニアが、自慢の山ブドウで造ったどぶろくを持ち込んだ。これを試飲した当時の川上村の村長は、即座に山ブドウワインによる村おこしを決断したという。しかし、山ブドウの栽培が軌道に乗るまでは悪戦苦闘の連続であった。

ワイナリーの創業は、昭和六三年四月。農協の出資を得た第三セクター、ひるぜんワイン有限会社としてスタートした。資本金は三〇〇〇万円、代表取締役は清水文明である。清水は、川上村村議会の議長であり、山ブドウ生産の組合長でもあった。創業当初、山ブドウの栽培は村役場の職員の手で行われた。栽培地として選ばれたのは、蒜山高原の中心地からはずれた、人跡もまばらな山の中。周辺には山ブドウが自生しているとはいえ、いざワイン用として栽培を始めると、思いもしない障害が次々と立ちはだかった。日本の山ブドウは数種類あるが、広く見られるのはヴィティス・コワニティである。この山ブドウは雄樹と雌樹があり、樹葉の徒長が激しく、これを詰めると実がつかない。

こうした難物を相手に役場の職員では歯が立たず、栽培の依頼は農協に持ち込まれた。この時、Uターンで農協へ勤務していたのが現ワイナリー長の植木啓司である。以来ひるぜんワイナリーは、植木とともに、山ブドウ中心のワイナリーとしての道を歩むことになる。植木は、ワイナリーの地元、蒜山高原の出身。専業農家の長男として生まれる。玉川大学農学部卒業後、大学農場の職員として二年間勤めた後、岡山へ戻り、農協勤務時代にひるぜんワイナリー立ち上げを命じられる。植木がまず取り組んだのは、山ブドウの本格的な調査であった。日本の山ブドウの特性は学者と一部の専門家の間ではかな

ひるぜんワイン外観

り研究が積まれているが、そうしたことを知らなかった植木にとってはすべてが手探りの連続であった。山ブドウの選抜にも、地道に取り組んだ。ワイナリー創業当初の一ヘクタールの自社畑に、まず試験的に一〇〇〇本の山ブドウを植樹。この中から、データ的にワイン造りに最適と思われる三本を選抜した。この三本を元に契約栽培農家で栽培数を増やし、次第に糖度が高く、優良な山ブドウを開発していった。植木は四四歳で岡山大学の博士課程に入学。山ブドウの研究で農学博士号を取得した。

ワイナリー自体は平成六年、新しい時代を迎える。それまでの第三セクターから、より広範囲に出資者を募った農業生産法人ひるぜんワイン有限会社に衣替えした。資本金一二〇〇万円の出資者は、地元の山ブドウ生産者が六〇〇万円、村役場が四〇〇万円、農協が二〇〇万円という構成である。さらに平成二二年四月六日、蒜山高原の中心部に瀟洒な新ワイナリーをオープンさせた。新ワイナリーは、川上村が合併した真庭市のハコ物第一号として誕生した。

じつは、新ワイナリー誕生の陰にも山ブドウワインの力があった。川上村が合併した平成一八年、全国村おこし特産品コンテストがあり、合併によりつながりのできた商工会議所の勧めに従って山ブドウワインを出品したところ、初出品でいきなり最優秀賞である経済産業大臣賞を受賞した。この快挙が、新ワイナリー建設につながったわけである。以前のワイナリーは村はずれにある、作業場ないし研究棟といった雰囲気だったが、新ワイナリーは、木材を多用した瀟洒な建物である。建物自体は市の所有だが、内部の基本デザインはワイナリーのスタッフ自身が行い、内装や家具のひとつひとつにもこだわりを見せている。新ワイナリー効果で来場者も増え、平成二三年には八月だけで一万人が訪れ、売り上げも一〇〇〇万円を超えるまでになった。スタッフも充実しつつあり、現在の社員は、パートも含め一二人。中でも製造課長の本守一生は、植木とともに二人三脚でワイナリーを盛り立ててきた功労者である。また、神奈川県出身のソムリエ、杉村礼美を加え、ワイナリー内の軽食スペースで山ブドウワインと地元特産のチーズや食材とのマリアージュを楽しめるようにした。

醸造設備も、最新の機材をそろえる。衛生管理も行き届いており、クリアで高品質なワイン造りに熱心である。また、新ワイナリーの展示スペースに、新たにドイツ製のグラッパ蒸留器を設置した。ワイナリー訪問者はガラス越しに、蒸留器の銅の輝きとグラッパの製造工程を楽しむことができる。

ひるぜんワインのフラッグシップ・ワインは、オーク樽で熟成した「山葡萄（赤）」である。平成一八年経済産業大臣賞受賞以降も、国産ワインコンクールで銅賞ないし奨励賞を受賞している。山葡萄シリーズには他にロゼがあるが、こちらは、山ブドウを白ワイン仕込みで発酵させて醸造したワインである。また、ワイン以外にも新ブランドSOMMET（ソメ）を立ち上げ、コンフィチュールをはじめとした、最高の素材や原料を生かした食材造りに力を入れだした。ちなみにSOMMETとは、フランス語で山の頂や頂点を意味する。

ワイナリーは進化を遂げ、自社畑一・五ヘクタールにシャルドネ、ピノ・ノワールも植え始めたが、ワインは山ブドウ主体のものをこれからも造り続ける方針である。豊かな大自然に育まれた山ブドウから今後どのようなワインを生み出すのか。また、山ブドウから造ったワインは品質に絶対的限界があり、国際的ワインの水準に達するのが不可能に近いといわれるが、それをどう克服していくのか。ひるぜんワイナリーのスタッフのさらなる努力に期待したい。

（丸山高行）

ワインリスト（容量は七二〇㎖。価格は税込み）
オーク樽熟成 山葡萄（赤・辛口）三八八五円
白仕込 山葡萄（ロゼ・やや甘口）三三六〇円
ハウスワイン ひるぜん 赤（辛口）山ブドウにマスカット・ベリーAをブレンド　二七三〇円
ハウスワイン ひるぜん ロゼ（やや甘口）山ブドウ　二三一〇円

岡山県

ふなおワイナリー――「果物の女王」マスカットで「ワインの女王」造りを追求

マスカット・オブ・アレキサンドリア。大粒でエメラルド色に輝くさまは、まさに「果物の女王」の名にふさわしい。毎年五月ごろには、温室で栽培されたマスカットが、東京の千疋屋や高野フルーツパーラーといった高級果物店で二房約二万円の高値で売り出される。エジプト原産の古い原種で、クレオパトラも愛したといわれるこのブドウが一九世紀後半に植えられ、以来他県の追随を許すことなく独走している岡山県の中でも、全国で加温（温室）マスカットの約四割を生産するのが倉敷市船穂《ふなお》町である。岡山市西隣の倉敷市の市街から一級河川である高梁川を挟んで北東に約五キロ、人口七五〇〇人ほどのこの小さな町に、平成一七年、ワイナリーが誕生した。

東京方面から訪ねるなら、山陽新幹線で岡山駅下車後、レンタカーで山陽自動車道の玉島インターチェンジを降りたら、ゆるゆると岡山方面に戻るように住宅街を抜けて愛宕山森林公園に向かう。または山陽新幹線新倉敷下車、もしくは岡山から山陽本線に乗り換え、西阿知駅で下車。どちらからもタクシーで一〇分ほどで到着する。

ワイナリーがあるのは広大な愛宕山森林公園の中。二〇〇〇本もの木々が植えられ、鳥のさえずりものどかである。小高い丘にあるので展望台からは倉敷の街が見下ろせる絶景スポットでもある。ここは船穂町が敷地を整備し、同時にワイナリーも設立された。平成一七年のことである。建物は、第三セクターのワイナリーでよく見かけるシャトータイプではなく、スタイリッシュなログハウスといった趣の

ふなおワイナリー外観

平屋造り。事務所とワイナリーの間には日当たりの良い広々としたテイスティングルームも備えている。

倉敷市が五三パーセント、ＪＡ岡山西が三三パーセント、真備船穂商工会が三パーセント、その他が船穂町の農家が出資した第三セクター。当時の船穂町長、土井博義が音頭をとった。

マスカット・オブ・アレキサンドリアを船穂に根付かせ、全国でも代表的な産地を形成するに至った先人たちの苦労に応えるためにも、受け継いだこの産地を今後ますます育成・強化していきたいというのが、土井たち関係者の願いであった。そのための方策をいろいろ検討する中で始まったのが、マスカットを使ったワイン造りである。もちろん、栽培農家の後継者育成も政策化し、産地規模の拡大を図った。

マスカットは農産品で季節商品であるが、ワインなら季節を問わず消費される。いわば「ふなおマスカットワイン」は、マスカットの産地「ふなお」を年間を通してＰＲする役目を担わされて生まれたのだ。さらに「果物の女王」とうたわれる船穂産マスカットを一〇〇パーセント使っているので、「ワインの女王」になってほしい、との夢も託されていた。

現在の社長は財団法人倉敷市船穂農業公社事務局長の板野清志、施設長には倉敷市の元農林水産課長、狩山恭三、工場長は小野昌弘、アシスタントの四人で運営している。工場長の小野は広島大学工学部発酵工学科出身。元々この地で四〇〇〇石の濱屋酒造という酒蔵の当主だったが、六〇歳のときに家業をたたみ、余生を悠々自適で暮らしていくはずだった。ところが、このワイナリー設立の話が持ち上がり、当時の土井町長と顔見知りであったことで白羽の矢が立ってしまった。今では葡萄酒技術研究会認定のエノログでもある小野だが、当初ワイン造りは初めてで、山梨県のワイナリーや十勝ワイン、都農ワイン、島根ワイナリーなどを見学したり、広島県の酒類総合研究所などを訪ねたりした。

そして、ファーストヴィンテージである「マスカット・オブ・アレキサンドリア　ふなお２００４」が、国産ワインコンクール２００５で銅賞を受賞した。本人はビギナーズラックだと笑っているが、この受賞が、今頃のんびりと隠居生活を送っていたかもしれない小野の背中を押して、ワイン造りから抜けられなくしてしまったのだろう。

原料のマスカットはＪＡ岡山西と全量を供給契約していて、年間生産量は年にもよるが、五〇〇〇〜七〇〇〇リットル。年間売上高は二〇〇〇万円前後。地元のデパートや酒販店での消費がほとんどだ。

ひとつ、このワイン造りには大きな問題がある。

「原料のマスカットが高い！」のである。もちろん加温ハウスで育てたマスカットなどは使わないが、露地栽培ものにしても、醸造専用に育てられたものにしても、マスカットは他の品種に比べて高い。値段も「女王」なのである。率直に言って、利益を上げるのは難しい。

工場長という肩書きだが、小野は、営業も配達も経理もやる。御年七一歳、決して楽ではない。将来を見据える余裕はないと言うが、後継者を育成しつつも、「マスカットの香りを引き出して辛口のおいしいワインを造りたい」と、まだまだ意欲的である。この原価率の悪さと闘い、いかに採算を取るかが当面の課題のようである。

（小山田貴子）

ワインリスト（主要製品。別途記載のものを除き、容量は七二〇㎖。価格は税込み）

マスカット・オブ・アレキサンドリア（白・辛口）三〇〇〇円、三六〇㎖一五〇〇円、五〇〇㎖二一〇〇円
マスカット・オブ・アレキサンドリア（白・中口）三〇〇〇円
マスカット・オブ・アレキサンドリア（白・甘口）三〇〇〇円、三六〇㎖一五〇〇円、五〇〇㎖二一〇〇円
マスカット・オブ・アレキサンドリア（白・極甘口）三三〇〇円、三六〇㎖一六五〇円

広島県

せらワイナリー――恵まれた環境で農家とともに成長していくワイン造り

穏やかな瀬戸内の港町、尾道から北に国道一八四号線を進む。左右には水田が広がりその向こうにはさほど高くない山々が点在している。春先は、その緑濃い山々に野生の藤の花が鮮やかに咲く。そしてこの道は緩やかにではあるが、ずっと上り坂である。世羅町の街なかを抜け、世羅高原ふれあいロード、フルーツロードを経由して目的地、せらワイナリーを有するせら夢公園に到着する。所要時間は四〇分ほど。東京方面からは、山陽新幹線の新尾道駅で下車し、レンタカーを借りて同様の方法か、同じく山陽新幹線岡山駅でJR山陽本線に乗り換え、尾道駅から中国バスの甲山・三次行きに乗り甲山営業所下車（約五〇分）、そこからタクシーに乗る（約一五分）。尾道市と三次市に挟まれた世羅町には鉄道が通っていないので、交通手段は車以外にはない。

ここは世羅台地という標高四〇〇～六〇〇メートルの隆起準平原地形の分水嶺で、ここをてっぺんにして北は日本海側に、南は瀬戸内側に下っていく。夏は昼夜の寒暖差が大きく、果樹栽培に適した気候。とりわけ梨は有名で、この町の特産物でもある。

そのフルーツの幅をさらに広げようと栽培を始めたのがブドウだったのである。気候が適し、植え付け後、四、五年で収穫できるというのが理由だった。と同時にとれたブドウで加工品を作って町おこしを、というのが町の方針であった。

平成一七年九月八日にワイナリーを稼動させ、翌年四月一四日、せら夢公園と同時にオープンした。

「せら夢公園」の中にあるワイナリー

二七ヘクタールのせら県民公園の部分は広島県が設置しており、レクリエーション広場やミニチュアガーデンなど、スポーツやピクニックなど多様に使える設備が整っていて、大人も子供も楽しめる。四季折々の花をめでに訪れる観光客も多く、年間三〇万人の来園者がある。

一方、ワイナリーのほうは九ヘクタール。県民公園とは別なエリアにあり、中庭をワイナリーとレストラン、それにワインなどが買えるショップがぐるりと囲んでいる。黄色で統一された壁には野菜や果物のイラストが描かれているし、中庭では世羅の特産品や新鮮食材を売る夢高原市場が常設されている。ワイナリーというよりも、どこか「道の駅」を連想させる。

第三セクターであるが、その構成は、世羅町が五一パーセント、兵庫県伊丹市の小西酒造が三四パーセント、全国でレストランチェーンを展開しているサントリーの出資会社、ダイナックが一五パーセントで、株式会社セラアグリパークとして運営を展開している。

小西酒造は天文一九（一五五〇）年創業の大手老舗酒造メーカーで、清酒「白雪」で知られるが、昭和六三年からはベルギービールの輸入も開始し、現社長の小西新太郎は、日本におけるベルギービール普及活動のリーダー的役割も果たしている。ワインも同じ醸造酒、ということで、今回参画に至った。ダイナックはワイナリー内のレストランを運営している。

セラアグリパークの従業員は一二名（ほかにレストランで十数名）、社長は世羅町の副町長、金尾則満である。醸造長は昭和五二年生まれの行安稔《ゆきやす》。醸造長とはいっても醸造担当は行安ただ一人である（繁忙期には営業担当の平田吉彦が手伝っている）。このワイナリーオープンと同時に入社した転職組だ。オーディオ機器を修理する会社からの転身、つまりワイン造りの経験はゼロだった。岡山県倉敷市出身で、高校卒業後は広島市の電気機器関係の専門学校を卒業、前職に就いたが、結婚した妻の実家のあるこの世羅町がいたく気に入り、ここに居を構えることを決めた。ワインに対する思い入れが特にあったわけではないが、もともと酒は好きだったが飲むのと造るのは違う。しかも知識もない。初年は広島県にある独立行政法人酒類総合研究所で三週間の研修を受け、小西酒造の丹羽聡史から手取り足取り教えてもらった。が、二年目からは丹羽が抜け、行安一人になった。

「やるしかない！」と奮いたった瞬間である。

自社畑はなく、三〇軒の契約農家からブドウを購入している。JAは通していない。内訳はハニービーナス三〇パーセント、マスカット・ベリーA三〇パーセント、サンセミヨン二〇パーセント、メルロ、シャルドネ、カベルネ・ソーヴィニヨン、ヤマ・ソーヴィニヨン、セミヨンで二〇パーセント。

ハニービーナスはオリンピア×紅瑞宝の交配種。昭和五五年、農林水産省果樹試験場安芸津支場（現独立法人農業技術研究機構果樹研究所ブドウ・カキ研究部）が交配した、まさに広島県が生んだ白ブドウ。行安も力を入れている品種である。

契約農家は広島県東部農業技術指導所から指導を受け、基本的には選果まで行っている。行安との関係も良好で、初めはワインについて、テレビなどで見て「敷居の高い飲み物の象徴」のイメージを持っていた農家の人たちが、今では自分たちの造るブドウがワインになる喜びと誇りを覚えるようになった。

新しいワイナリーだけに醸造機器には三億～四億円を投資して最新鋭のものをそろえている。設備に少々の故障があってもそこは昔とったきねづか、電気機器修理の腕で治してしまえるのは好都合である。そして設備が新しくピカピカなだけではなく、醸造場内はとてもキレイだ。清潔、という意味で。行安の性格なのだろうか、バリックのシリコン製の栓を一旦開けて、再び閉める際にその栓をアルコールで丁寧に拭いていた。こういう小さな事ひとつひとつも、積み重なればワインの品質を左右する大事な要素となってくる。

年間生産本数は七二〇ミリリットル換算で六万本、年間売上高は五六〇〇万円。ほとんどが地元販売であるが、とりわけワイナリー内のショップの売り上げは大きい。だが、決してお土産用として造っているわけではない。国産ワインコンクールにおいてサンセミヨン主体の「せらワイン　白２００６」は奨励賞、マスカット・ベリーＡを使った「せらワイン　赤２００８」と「せらワイン　ハニービーナス２００９」はいずれも銅賞と実力のほども堅実である。

自らを「（ワインのことを）何も知らなかったのが逆によかったのかもしれない」と言う行安。今のところ天候にも恵まれ、まだ逆境を知らない。いずれ台風も経験するであろうし、ブドウが病気になるかもしれない。これから立ちはだかるであろうハードルを農家とともにひとつひとつ飛び越えながら、着実に成長していくのを期待したいワイナリーである。（小山田貴子）

ワインリスト（容量は七二〇㎖。価格は税込み）

せらワインSweet（赤・やや甘口）マスカット・ベリーA、ヤマ・ソーヴィニヨン一二六〇円
せらワインSweet（白・やや甘口）ハニービーナス。一二六〇円
せらワインDry（赤・辛口）マスカット・ベリーA。一二六〇円
せらワインDry（白・辛口）サンセミヨン。一五七五円
せらワインVin rose（ロゼ・甘口）マスカット・ベリーA。一五七五円
せらワインMerlot（赤・辛口）メルロ。一八九〇円

広島県

広島三次ワイナリー——三次にも貴腐ワインあり

広島県三次《みよし》市は中国地方のほぼ中央に位置し、大阪へも下関にも大体二五〇キロで、東西の真ん中あたりにある。三次市を軸にしてコンパスの半径を五〇～六〇キロに設定すれば、広島市や尾道、島根県の松江、鳥取県の米子がほぼ円周上に乗る。人口五万六〇〇〇人ほどであるが、広島県では隣の庄原市とともに北部地帯を形成している。馬洗川、西城川、江ノ川が交わる盆地であり、この川の合流によって晩秋から早春にかけて霧が生じやすく、雲海のように見えることから「霧の海」と呼ばれている。元来、霧はワイン造りにとって良くないが、三次ワイナリーはこの霧の発生により、少なからぬ恩恵にあずかることになった。

ワイナリーはJR三次駅から車で五分ほどのところにあり、東京方面からなら山陽新幹線で広島駅まで行き、そこからJR芸備線に乗り換え三次駅まで一一〇分、平成一九年から運行されている「みよしライナー」に乗れば約七五分で到着する。広島空港からも連絡バス（所要時間約四五分）で一旦は広島駅に行き、同様のルートで三次駅に向かう（所要時間約八〇分）か、広島バスセンターで乗り換え、三次バスセンターまで行く。レンタカーを借りて、広島から中国自動車道（所要時間約六〇分）か国道五四号線（所要時間約八〇分）。もしくは、山陽新幹線で新尾道まで行き、そこからレンタカーで国道一八四号線を北上すると約一時間で到着する。

目的地に近づくにつれ、あたりがにぎやかになってくる。国道一八四号線に加え、五四号線、三七五号線、中国自動車道がすべて三次を通過するからである。これら幹線道路の合間合間に運動公園やマツダのテストコースなど、広大な敷地を擁する施設がある。三次ワイナリーも広域農道の傍らにあり、とんがり帽子の背の高い鐘楼と赤い三角屋根が連なるワイナリーである。所在地が「(東)酒屋町」というのも面白い。三五〇〇平方メートルを超える広大な敷地の中に、ワイン醸造施設はもちろん、広島牛が堪能できるバーベキューガーデン、三次ワインや県北の物産を扱う売店、また地元の芸術家などの作品を無料で展示するギャラリーなど、地元のエキスがギュッと濃縮された空間が広がる。年間来場者数は四二～四三万人である。

正式名称は、株式会社広島三次ワイナリー。会社設立は、平成三年三月一五日。六年七月二一日、三次市が一億円、JA三次が一億円、ブドウ生産者・観光協会所属の企業二一社(全四三団体)が五四〇〇万円で創業した第三セクターである。

三次でのブドウ栽培は昭和三〇年ごろから。現在三次の特産物となっているピオーネは、五〇年代前半から行政の指導で栽培を始めた。その後、三次出身の元代議士、福岡義登が三次に戻って市長になり、その彼のワイン好きも手伝って、農業振興と観光振興による地域活性化を目的としたワイン造りを推奨したのが契機となった。六〇年代前半のことである。初代社長は馬瀬能典(当時JA三次組合長)、以降平成二〇年まで社長は非常勤であったが、事業の規模が大きくなり、稼動がスムーズになってくると常勤となった。現在の社長、千﨑一郎は常勤となってからの二代目で、二一年六月に就任した、JA三次の総務部長である。

醸造について言えば、創業当初から指導・助言してきたのが「山梨マルスワイナリー」の醸造担当者

鐘楼が目立つワイナリーの建物

たちである。マルスワイナリーは鹿児島の大手焼酎メーカー、本坊酒造が昭和三五年に山梨県の石和に開業したワイナリーで、三次ワイナリー創業時にはすでに名声があった。そのマルスワイナリーの橘勝士、原昭男、田澤長己が通いつめて指導にあたった。初代製造課長は森秀治。広島県立農業短期大学（現在は県立広島大学生命環境学部）で栽培を学んで入社し、平成六年から三年間勤めた。九年から現在に至るまでは、石田恒成が担っている。石田は東京農業大学醸造学科を卒業し、日本酒造りを目指したが、縁あってＪＡ三次に入社、ワイナリー設立に加担し現在に至っている。現在醸造担当は五人、畑担当は一人である。

自社畑は二ヘクタールでピノ・ノワール、シラー、メルロ、プティ・ヴェルドを垣根で栽培しているが、樹齢はまだ三年と若く、まだワインを醸造するに至っていない。契約農家は三軒、全体で四ヘクタールを有し、果樹栽培を中心とした観光農業事業の権威である平田克明が推奨するシャルドネ、セミヨン、メルロを植えた。当時は白ワインが流行っていたため、とりわけシャルドネを多く植えた。こちらは樹齢二〇年ほどになる。他には小公子（平成一八年植栽）、デラウェア、キング・デラウェア（それぞれ平成一四年植栽）。そのほかに市内の農家五〇軒ほどから、マスカット・ベリーA三〇トン、ピオーネ二〇トン、デラウェア四～五トンを、JAを通して買っている。

年間生産量は三〇～四〇万本、年間売上高は二億三〇〇〇万円。ほとんどが敷地内の売店と県内の小売店での地元消費である。

先にも触れたとおり、この地では三つの川が合流している。それによって霧が生じ、雲ができ、それが雨となる。その水の恩恵を表現すべくTOMOEプロジェクトを立ち上げた。TOMOE＝巴、水が渦を巻いて巡るさまを表したネーミングである。このシリーズには品種の特徴を生かすさまざまな工夫がなされている。

「シャルドネ新月」は真夜中に収穫するナイト・ハーベスト。涼しい時間帯に収穫して香りを際立たせる。温度はマロラクティック発酵しやすいように高め（一八～二〇度）にし、トロンセの新樽で発酵させた、三次ワイナリーのプレステージ的位置づけの一本である。こちらの2009年ヴィンテージは、国産ワインコンクール2010、欧州系品種部門において銅賞を受賞している。なお、「新月」というネーミングは、平成一九年に初めて収穫したのが新月の夜だったことにちなんでつけた名前で、以来毎年、新月の夜収穫している。特にビオディナミの月の運行の学説とは関係がない。

さて、冒頭で触れた「霧の恩恵」の話である。この霧によってブドウにボトリティス菌（貴腐菌）がついたのである。この菌のついたブドウで仕込まれたワインは、やがて甘美な貴腐ワインへと昇華される。ボトリティス菌がつく畑は、三軒の契約農家が所有する四ヘクタール、全三〇カ所のうちたったの一カ所、二三アールの区画のみである。この区画に植えられていたのがセミヨンだったというのも幸運だったとしか言いようがない。平成一二年の収穫時に石田が「何かボトリティスのようなものが付いている」とは思ったものの、当初は「まさか」の思惑のほうが勝り、この年は落としてしまった。翌年も同様に霧が発生し、ブドウも同様の形態になったので試しに一二月くらいまで残してみたところで、元マンズワインの田崎三男（日本におけるジベレリン処理の第一人者）に見解を問うたところ、「ボトリティス菌に間違いない」という判断が下された。貴腐ワインを造る世界的有名産地としては、フランスのボルドーのソーテルヌ地区があるが、三次に「西日本のソーテルヌ」となる可能性が生まれたわけだ。霧、気温など諸条件がそろわないとこの菌は付かないことから、現在まで発売したヴィンテージは、２００２、２００３、２００７年。その中でも「ＴＯＭＯＥ セミヨン 貴腐 ２００７」は国産ワインコンクール２０１０、極甘口部門で銅賞を受賞した。ただし、生産本数が多くてもせいぜい二〇〇本と極めて少量のため、高価（２００７は五万円）である。

将来の展望について石田製造課長は、自社畑の赤ワイン用ブドウ品種、ピノ・ノワールを成功させたいと意気込んでいるが、なかなか難しいだろう。

（小山田貴子）

ワインリスト（別途記載のものを除き、容量は七二〇㎖。価格は税込み）
TOMOE メルロー（赤・フルボディ）七五〇㎖二六二五円
TOMOE マスカット・ベリーA（赤・ライトボディ）七五〇㎖一五七五円

TOMOE シャルドネ樽発酵（白・辛口）三一五〇円
TOMOE シャルドネ新月（白・辛口）五二五〇円
TOMOE マスカット・オブ・アレキサンドリア、レッド・パール（白・辛口）三一五〇円
TOMOE セミヨン（白・辛口）七五〇㎖ 二六二五円
TOMOE デラウェア（白・やや甘口）七五〇㎖　一五七五円
TOMOE メルロー ロゼ（やや辛口）七五〇㎖二一〇〇円
三次わいん メルロー（赤・ミディアムボディ）一五四〇円
三次わいん シャルドネ（白・辛口）一五四〇円
三次ピオーネ（ロゼ・甘口）三〇七〇円
三次ピオーネ・スパークリング（ロゼ・甘口）七五〇㎖　二四一五円
三次シャルドネ・スパークリング（白・辛口）七五〇㎖　一九九五円
三次ワイン 赤（ライトボディ）マスカット・ベリーA　一〇三〇円
三次ワイン 白（やや甘口）デラウェア　一〇三〇円
三次ワイン ロゼ（やや甘口）マスカット・ベリーA　一〇三〇円

山口県

山口ワイナリー──酒蔵の女将の夢の実現

本州の西のはずれに位置する秋吉台は、三億五千万年ほど昔の古生代石炭紀にできた海底火山の海面近くに珊瑚礁群が形成され、このときにできた厚い石灰岩層が隆起して地表に現出したものである。雨水や地下水の侵食により秋芳洞をはじめとした鍾乳洞やドリーネと呼ばれる窪地が数多く形成され、現在のカルスト地形となった。秋吉台を流れ出た地下水系は、やがて中央部を南流する厚東川を侵食し、また厚狭川との河川争奪により、あたり一帯の山あいに盆地を形成する。

山陽小野田市の旧厚狭郡石束はこの秋吉台から半径二〇キロ圏内に位置する、弱アルカリ土壌（pH7・25）の恩恵を受ける立地である。「石束」の地名が表すように少し掘ると握りこぶし大の石がごろごろ出てきて、昔農家が田んぼを造るのに苦労したことから名付けられたといわれるほど水はけの良いところである。この地域の年間の平均降水量は一五二五ミリリットル、特に梅雨と秋に雨が多く、夏は極めて蒸し暑い土地である。

山陽新幹線の厚狭駅より五キロのところにある山口ワイナリーへは、タクシーで約五分。県道二五五号から三一六、三五五号を経由し北上すると平地から山間に差しかかった入り口に三角屋根のかわいらしいワイナリーショップが見えてくる。車の場合は、山陽自動車道宇部線の埴生・小野田インターより七一号線を北上すると約一〇分、中国自動車道の美弥インターより国道三一六号を南下して約二〇分。空路なら山口宇部空港が近い。

山口ワイナリーは、ブドウ栽培を主体とする「山口ファームランド」とワイン醸造を担う「永山酒造」で構成されている。本来、日本酒蔵である永山酒造は明治二〇年の創業。同酒造ご自慢の「山猿」の銘柄は、長門市三隅町の藤村憲彦を中心とした農業団体が造る山口県独自の酒米（明治期に開発）「穀良都《こくりょうみやこ》」で仕込む。また昭和五〇年代にはウイスキー全盛の市場に一石を投じるため、県の工業技術センターと山口大学の研究室が共同開発した米焼酎「寝太郎」を発売、早くから焼酎市場へも目を向けていた。

ワイナリーは、こうした中で、酒造の現代表、永山純一郎の母である永山靜江（現ワイナリー代表）の、ワインを造りたいという思いから始まった。靜江は若いころから東京へ出掛けることを好み、小・中・高を通じて同級生であった吉田美加子を伴うことが多かった。当時よく行っていた銀座のフレンチレストランで、あるときソムリエに「岩の原ワイン」を薦められ、これならば自分でも造れないだろうかと考えた。

当時の山口県では生食用のブドウこそ多く栽培されていたが、中国五県の中で唯一ワイナリーがなかった。寒暖の差のある土地でとれた糖度の高いブドウを前にして、これなら良いワインができるはずだという靜江の思いは強く、それから二〇年がかりで税務署の認可を得てワイナリーの設立を実現した。生産開始は平成八年。県の工業技術センターで半年間の研修を受けただけで、ワイン造りのノウハウもおぼつかなかったが、山口市の仁保地区からデラウェアとマスカット・ベリーAの供給を受けて、吉田美加子とともに手探りで仕込んだ。

試醸時期を経て、ワイン造りを本格的に行うようになってからは、国分株式会社の松本常務（当時）

レインカット仕立ての自家畑

の紹介で、元国税庁醸造試験所第三室長で当時東京農業大学客員教授だった戸塚昭の指導を受け、ヨーロッパ系にこだわったブドウ作りへのチャレンジを始めた。戸塚も当初はどこまで真剣か計りかねていたので、よいワインを造ることは簡単ではないと助言していた。だが静江が山梨からカベルネ・ソーヴィニヨンの苗木を取り寄せ、何の知識もないまま植えたと聞き、本気で手掛けるなら、ということで指導を引き受けることになった。

その後、戸塚の紹介によりマンズワインの赤沢賢三の指導の下、山口の気候に合わせてレインカットを採用したブドウ栽培を行い、ワイン造りも併せて指導を受けることとなった。ワインの味はブドウの出来いかんであることを教えられていたため、自社畑を管理する農業法人山口ワインファームランドを立ち上げ、吉田を代表にする。その後も戸塚から定期的にワイン造りへの助言を受けているが、あるとき東京の生産者の集まりに顔を出した折に、戸塚から山梨大学の後藤昭二名誉教授を紹介された。その時の話は今でも忘れられない。

後藤は日本ワイン界の泰斗、大塚謙一博士の弟子にあたるが、大塚博士はかねてから「日本で本格的にヨーロッパ系品種のブドウを栽培するとしたら可能性のある場所は一番が山口県で二番が埼玉県ではないか」と指摘されていたそうである。どちらもセメントの産出される石灰質の地質がワイン用のブドウ栽培に向いているであろうとのことであった。後藤は山口にワイナリーができたと聞いてたいそう喜び、静江もまたこの事実にとても励まされたことを覚えている。

現在のワイナリーのショップは、畑と醸造場に隣接する元別荘地であった土地に平成一一年一一月一一日にオープンした。ここでも戸塚の意見を取り入れて、テイスティング・カウンターに自動洗浄機能付きの吐器が三台設置されており、まるで研究室のようである。

栽培、醸造ともに本体が清酒製造業者であることから、静江と吉田を中心に、清酒の製造のスタッフである酒蔵長の佐々木敬三をはじめ一〇名がワイン造りにも携わる。生産量は年間二五キロリットル程度で約三万本を製造。ブドウは自社収穫五トン、契約農家からの購入数量二〇トン程度である。醸造は低温発酵などブドウ品種によって造り分けている。貯蔵はステンレスから樽貯蔵までブドウの品種によってさまざまである。

自社ブドウ畑は約一ヘクタール、ワイナリーショップに隣接する風通しの良い谷間の小川にはホタルが乱舞し、カワセミが訪れる自然環境。この川の左右の谷に赤沢の指導によるレインカット方式を採用した垣根栽培のブドウ畑を配する。契約農家は生食用の栽培も兼ねており、棚式栽培を採用している。

山口県は明治維新以降、中央政府に多くの人材を輩出した。日本のワイン醸造技術に大きく貢献した人物のひとりとして桂二郎が挙げられるが、彼もまた元長州藩士で、明治初年にドイツへ留学し醸造とブドウ栽培を学んだといわれている。帰国後、新たに設立された山梨県の県立葡萄酒醸造所に勤務し、明治一五年には欧州のブドウ栽培を手本とした『葡萄栽培新書』を刊行している。既述した播州葡萄園にも関係がある。彼の帰国後、既に一五〇年の歳月が流れている。しかし静江は彼の地元長州でワインを製造するからには、背後に控える秋吉台に由来するアルカリ土壌を味方につけ、日本を超えて世界で認められるワインを造っていかなければと考えている。

近年の課題としては、農家の高齢化の問題がある。地元山陽小野田市でも数年前まで一二軒あったブドウ農家も現在は二軒となってしまっている。このようなことから、農業に興味がある人々が農業体験をできる場にすることに取り組むと同時に、自分の樹から収穫したブドウでワインを造れるような場を提供すること、そしてブドウ作りにおいては、より努力した生産者が報われるような仕組みづくりを考えていくこと、さらには地域の農業団体との連携を大切にし、地域の農作物を利用した特産品としてのワイン開発の協力といった地域発信型のワイナリーのあり方を模索中である。近隣のワイン飲酒人口が少ないうえに開業して間がないため認知度も低く、マーケットの開拓も課題となっている。このようなことから酒造代表の純一郎は首都圏、近畿圏のマーケットをも見据えている。

上位の銘柄には大変興味深いものもあるが、全体にワインの品質に若干の幅が見られ、これも今後の課題であろう。元来造り酒屋であった永山酒造だが、ワイン造りのためのブドウ栽培への取り組みにより、農業振興と地域との連携を強く意識しており、山口唯一のワイナリーとしても、今後のさらなる努力を期待したい。

（金子猛雄）

ワインリスト（主要商品。容量は七二〇㎖　価格は税込み）
シャトーヤマグチ　カベルネソーヴィニヨン（赤・フルボディ）三九九〇円
シャトーヤマグチ　シャルドネ（白・辛口）　三九九〇円
山口ワイン　ヴィンテージ　赤（ミディアムボディ）マスカット・ベリーA　一五七五円
山口ワイン　ヴィンテージ　白（中口）甲州　一五七五円
やまぐちワイン・ベリーA（赤・ライトボディ）マスカット・ベリーA　九八〇円
やまぐちワイン　セミヨン（白・やや甘口）　セミヨン　九八〇円

香川県
さぬきワイン――孤軍奮闘する、四国で唯一のワイナリー

最近はさぬきうどんブームもあり年間八〇〇万人を超える観光客でにぎわう香川県に、四国で唯一のワイナリーがある（高知県に南の島ワインがあるが、フルーツワインのみ）。その名もさぬきワインといい、高松市から瀬戸内海沿いに一五キロほど東、小豆島を間近に見る大串岬のほぼ中央に位置する。

高松駅からJR高徳線に乗り約三〇分で志度に着く。ローカルな琴電でも高松市内の中心から三〇分少々。志度駅前からワイナリーまでは約七キロ。バスなど公共交通機関はないので歩くかタクシーを拾う必要がある（タクシーだと約一五分）。車だと高松市内からワイナリーまでは国道一一号線を利用して四〇分ほど。

さぬきワインの創立は昭和六三年。ワイナリーがある旧志度町（市町村合併で現在はさぬき市）は、設立当時県内一のブドウ産地であった。瀬戸内海式気候で年間降水量が一一五〇ミリリットルと少なく（町内のいたる所に溜池が造られている）、ブドウの栽培に適する志度町内にはデラウェアやキャンベルの畑が広がり、秋にはたわわに実るブドウ樹が季節情緒を醸していた。だが時代の流れには逆らえず、農家の後継者不足と高齢化問題は志度町でも例外ではなかった。そこで当時の樫村正員町長が地元の農業振興のために思いついたのが特産のブドウを活用したワイナリーであった。樫村はブドウ栽培が盛んな近隣の多度津町にも声をかけ、志度町、多度津町、JA香川県と地元農家一五名の出資で第三セクターさぬきワインの設立に至った。平成元年には事業費二億四六〇〇万円を投じ、美しい瀬戸内海を一

望できる大串自然公園内に、レンガ色の屋根と尖塔が目を引く堂々たるワイナリーが完成した。その後観光客の増加にともない、平成七年には物産センターも併設されている。

初代の代表には樫村が就任。工場長（醸造担当）は久保学。ワイナリー設立のために雇用された久保はワインに関しては全くの素人であったが、オープン前に山梨県の老舗ワイナリーである株式会社甲州園（現株式会社ルミエール）で一年間修業をして技術を身につけた。

現在はさぬき市長である大山茂樹代表取締役の下、工場スタッフ一〇名（その他に香川県丸亀市の遊園地ニューレオマワールド内売店に六名）が醸造・販売に従事している。工場長の竹中剛（日本大学文理学部卒）は趣味が高じてワイン造りに興味を持ち、平成二一年に入社。二年近くにわたり前任の久保の指導を受けた。翌二二年久保の退職後には工場長を継ぎ、醸造の重責を果たしている。特に外部の指導を受けるでもなく、試行錯誤を繰り返しながらも独自の道を歩む醸造家だ。

年間生産量は二二キロリットル（七二〇ミリリットル換算で約三万本）、売り上げにしておよそ七〇〇〇万円（ワイナリー全体では約一億八〇〇〇万円）だ。平成一〇年前後の赤ワインブームのときの半分程度だという。また観光客は年間三万人訪れる。原料ブドウはすべて香川県産で、志度町一五軒と多度津町約三〇軒の契約農家のブドウ一〇〇パーセントで造られている。志度町ではマスカット・ベリーA、デラウェア、ランブルスコ・サシーノ、香大農R-1、メルロが、多度津町ではデラウェア、香大農R-1、甲州が栽培されている。

前工場長の久保は実家が農家であったことから、シャルドネ、リースリング、カベルネ・ソーヴィニヨン、メルロなど代表的なワイン専用品種を、実験的に実家で父の手を借りて育てたそうだ。フランス

さぬきワイン外観

系ブドウの栽培は難しく、現在メルロがわずかに収穫されている（年間二〇〇～三〇〇キロ）。また珍しいところでイタリアのエミリア・ロマーニャ州で栽培されているランブルスコ・サシーノ種（現地では軽やかで口当たりの良い赤の微発泡ワインの原料となっている）は、志度町の気候風土に合ったのかうまく根付いた。現在は三軒の農家で栽培しており、さぬきワインの旗艦赤ワイン用の原料となっている。

　また香大農R－1は望岡亮介（香川大学農学部教授）が開発したオリジナル品種で、沖縄の野生ブドウである「リュウキュウガネブ」と「マスカット・オブ・アレキサンドリア」をかけ合わせて生まれた赤ワイン用ブドウ。この新しいブドウは温暖な気候のもと良く育ち、アントシアニンなどポリフェノールが他の赤ワインの二倍（さぬきワイン比）ほどにもなり、色は濃いが、酸や渋味は穏やかで飲みやすい赤ワインに仕上がる。農家での栽培は始まったばかりで、平成一九年から二二年の間に三六五本の苗木が農家に配布された。まだ樹が若いため収量は少ないが、二二年には六トンほど収穫でき、一般に販売を開始している（ワイナリーと香川大学生協で販売）。ワイン名はソヴァジョーヌ・サブルーズ。香川大学の学生が命名した。「かぐわしき野生の乙女」という意味だそうだ。今後は香大農R－1を中心にワイナリーの特色を出していきたいという。

さぬきワインは観光客を対象とした典型的な第三セクターのワイナリーといえよう。だがランブルスコ・サシーノや香大農R－1という個性的なブドウ品種を擁し、将来の可能性は未知数である。世界のさまざまなワイン産地の現状を参考に、オリジナリティー豊かなワイン造りを目指してもらいたい。

（遠藤　誠）

ワインリスト（主要製品。容量は七二〇㎖。価格は税込み）
シャトー志度（赤・辛口）小樽熟成。ランブルスコ・サシーノ八〇％、メルロ二〇％　二二〇〇円
ソヴァジョーヌ・サブルーズ（赤・辛口）香大農R－1　二二〇〇円
瀬戸の月光（赤・辛口）マスカット・ベリーA主体　一四七〇円
瀬戸の朝霧（白・やや甘口）無濾過のにごりワイン。デラウェア　一〇五〇円
瀬戸の百景（白・やや甘口）デラウェア　一二六〇円
樽熟赤ワイン（辛口）マスカット・ベリーA　一五七五円
樽熟白ワイン（辛口）甲州　一四七〇円
瀬戸の曙（ロゼ・甘口）デラウェア、マスカット・ベリーA　一二六〇円

第四章　九州地方のワイナリー

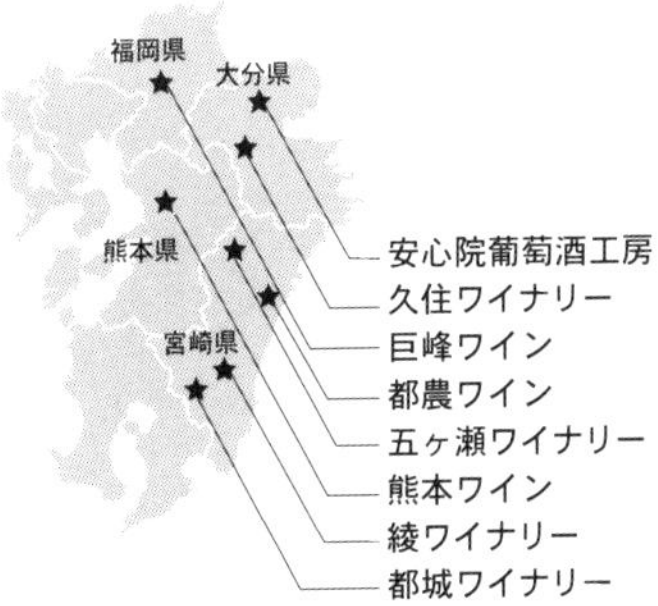

福岡県

巨峰ワイン――巨峰ブドウ開植の地で町おこしにかける

九州最長の河川である筑後川は、阿蘇山に発し九州北部を東から西へと流れ有明海に注ぐ。筑後川は利根川・吉野川とともに日本三大暴れ川のひとつといわれるが、筑紫平野を形成し吉野ヶ里遺跡に見られるように古来から豊饒の土地をもたらした。この川沿いに栄える久留米市中心部より一五キロメートルほど上流の田主丸町《たぬしまるまち》は、かつて巨峰ブドウの産地として全国に名を馳せた。耳納《みのう》連山の東西に広がる裾野の斜面には、現在も一五〇軒ものブドウ農家が丹精込める巨峰ブドウの畑が広がる。そのブドウ畑の中に株式会社巨峰ワインは社屋を構える。

福岡市内からワイナリー至近のJR田主丸駅までは、博多駅から特急で五〇分（特急ゆふの一部が停車する）。特急を使わない場合は、鹿児島本線を久留米駅で久大本線に乗り換え一時間三〇分ほどかかる。田主丸駅から車だと五分、眼前に広がる耳納連山へ向かって歩けば約四〇分で巨峰ワインに到着する。また、車で訪問する場合は大分自動車道を利用し、安心院ワイナリーなど大分方面からアプローチするなら朝倉インターを、福岡市内または熊本ワインからなら甘木インターで降りるのが便利だ。どちらのインターからも二〇分少々で田主丸に着く。ちなみに福岡市中心部から車ならワイナリーまで一時間ほどである。

「巨峰ワイン」はその名称から連想されるような、ありがちな観光ワイナリーではない。その設立に至る経緯は巨峰ブドウの歴史と深く関わっている。巨峰ブドウは、秋になればデパートやスーパーの店

巨峰ワインのワイナリー外観

頭を飾り、大粒で豊かな甘みを持つ高級ブドウとしてもてはやされている。しかしこの品種が世間に認知されるまでは、今からは想像もつかないような苦難の道のりがあった。

巨峰の生みの親は大井上康（明治二五年広島生まれ）という市井の農学者である。子供のころより植物に興味があった大井上は、進学した東京の暁星中学でフランス語を学ぶと、フランスから取り寄せた園芸雑誌を翻訳し日本の農業雑誌に紹介するなど、早くから農業研究者としての頭角を現していた。東京農大を卒業後、海外の農業事情に詳しいことを買われ、大正六年に神谷酒造の牛久葡萄園の主任技師の職に就く。しかし「広く農業の発展のためにブドウの研究に専念したい」との思いから二年後に退社、静岡県の中伊豆町（当時）に大井上理農学研究所を創立したのだった。研究所は小高い丘の上にあり、天気の良い日は富士山の眺望が素晴らしかったという。大井上はここをベースにヨーロッパ十数カ国をブドウ研究のために訪問するなど精力的に活動を続けた。その研究は海外でも高く評価され、日本人で初めてフランス農芸学士院（科学アカデミー）の会員となっている。

食用ブドウの研究に傾倒し、日本の気候風土に合った品種の開発に取り組んでいた大井上が試したさまざまな交配実験の中から、外観は大粒で美しく濃紫色に輝き、味わいはみずみずしく芳醇な甘みを持つブドウが誕生した。オーストラリアから取り寄せたヴィティス・ヴィニフェラ系のセンテニアルと石原早生（キャンベル・アーリーの亜種）を交配させたもので、研究所から見える富士山にちなんで「巨峰」と名付けられた。昭和一七年のことであった。

その後の第二次世界大戦という時代背景から巨峰の栽培技術の研究が充分にされていなかったことや、大井上が唱える「栄養週期説」が当時の農林省の指導と著しく異なることからの官との対立が生じるなど、巨峰の船出は厳しく、安閑としたものではなかった。一民間学者が開発した品種はなかなか市場でも受け入れてもらえず、昭和二八年に農林省に種苗登録を出願するも、巨峰は栽培が難しく「栽培価値がない」との烙印を押され、不許可とされた。

一方、戦後の食糧増産の機運が盛り上がる中、実践的な農法である栄養周期説は全国の農村で盛んに勉強されるようになった。大井上の弟子の一人で九州の福岡県小倉で研究を続けていた越智通重は、栄養週期説に基づいた稲作や果樹栽培の指導のために田主丸町にたびたび招かれ、ついには昭和三一年、田主丸町に「九州理農研究所」を設立するまでになった。

越智の指導で栽培されたミカンやカキの品質の違いを目の当たりにした田主丸の同志農民四八人が、さらに深く栽培技術を習得するために、越智に研究の拠点を小倉から田主丸に移してもらうよう、懇願した。高品質な原料米を確保するために越智から稲作の指導を受けていた地元で造り酒屋を営む林田博行が、町の発展のためならばと研究所用の敷地を快く無償で提供し、その土地の整地から建物の建築までのほとんどが田主丸の農民の手でなされた。まさに農民による農民のための研究所である。

越智はこの研究所で大井上が作り出した巨峰の研究を続け、昭和三二年林田博行ら有志五人の畑一ヘクタールに一〇〇〇本の巨峰の苗木が植えられた。四年後の昭和三六年には栽培農家八〇名、栽培面積は一〇ヘクタールに急増している。市場でも巨峰は人気に火がつき、当時一般的だったキャンベル・アーリーの五～一〇倍の一キロ三〇〇円から五〇〇円という卸値で取引されるまでになる。また全国初の試みである「観光農園ブドウ狩り」は好評を博し、トップシーズンには観光バスで渋滞が起こるなど、田主丸の巨峰は一大ブームとなる。観光ブドウ園は盛況を極め、昭和五二年には田主丸町の一人あたりの車と電話の保有台数が、日本一を記録するまでになった。

その盛況の最中に田主丸と巨峰の将来を憂いていた人物がいた。九州理農研究所の敷地を提供し、巨峰栽培の先頭に立って奮闘する林田博行である。博行は創業元禄一二（一六九九）年田主丸町に初代若竹屋伝兵衛が興した造り酒屋、若竹屋酒造場の一二代当主（代々伝兵衛を名乗る）であり、故郷の発展を願う一人であった。田主丸町は巨峰による好景気に沸いているが、巨峰の名声が高まれば高まるほど、田主丸町以外でも巨峰を栽培しようとする動きが活発になり、そうなれば産地間での競争、生産過剰による値崩れなどの恐れもある。その時のためにも巨峰を原料とした加工品開発の必要を痛切に感じていたのだった。伝統ある家業を継いだ日本酒の醸造家であり進取の気概にあふれる博行は、早くから巨峰によるワイン造りの可能性に着目していた。

昭和三四年には久留米農芸高校に依頼し、越智と同校教師の田中米美に試醸してもらう（同校はそのために試験醸造免許を取っている）。だが、試醸の結果は思わしくなかった。ヨーロッパ系ブドウの血筋が四分の三も入っているとはいえ、大粒で香りや酸が穏やかな巨峰ブドウはワイン造りに向いているとは言い難かったのである。

それでも巨峰によるワイン造りの夢を捨てられなかった博行はワイン造りの研究を続けていた。長男の正典が昭和四五年に実家に戻ると、夢は実現に向けて大きく動きだす。昭和八年生まれの林田正典（一三代目林田伝兵衛）は大阪大学工学部発酵工学科卒業後、大学の研究室に残り神戸の灘地区の清酒製造や近畿地方のワイン製造の指導研究にあたっていたという頼もしい後継者であった。

当初、伝兵衛はワイン専用種ではない巨峰によるワイン造りは無理だろうと考え、ジャムなどの加工品製造を提案した。しかしとにかくワインを造れと博行は譲らず、伝兵衛は途中フランスでの修業をはさみながら、巨峰に向き合い研究に没頭することになる。小粒で皮が厚く、酸や渋み、香りが豊かなことが優れたワイン用ブドウの条件といわれる。生食用として優れた巨峰はワイン用ブドウとはまるで正反対の性質を持っており、どうやってもフランス産ワインのような、色や香り、味わいの濃くしっかりとしたものができない。

試行錯誤を繰り返し悩み抜いた伝兵衛が行き着いたのが、家業の日本酒造りの考え方であった。日本酒は淡白な味わいの中にも繊細な味わいや香りがひそみ、世界に誇る素晴らしい醸造酒となっている。巨峰も無理に濃くするのではなく、日本人の食生活に合った和食に合う繊細で軽やかなワインを造ればよいのではないか。その思いの下、更に研究が重ねられた結果、ある程度めどがついた昭和四七年には伝兵衛を代表取締役社長として株式会社巨峰ワインを設立。同年より本格的な醸造を開始、三年の熟成の後に発売された。博行の念願だった、田主丸町産の巨峰ブドウのみを使用して造られた「巨峰ワイン」の誕生である。

ワイナリーは筑後川を一望できる耳納連山の中腹にあり、豊かな自然に囲まれている。森林の木漏れ日の中、山の斜面に連なるように醸造所、地下熟成庫、試飲販売所、レストランが点在し、遊歩道を散策しながら巡ることができる。敷地内には巨峰やブルーベリーの畑（伝兵衛はブルーベリーの研究にも一家言を持つ）が広がり、またかつての九州理農研究所跡には越智の功績を讃えた石碑が立ち、当時の様子を偲ぶことができる（現在も、毎年九月一日に碑の前に巨峰生産農家たちが集まり、越智への感謝の念を捧げている）。

ワインの生産量は二万五〇〇〇本（フルーツワインを含めると六万本）。総売り上げは一億五〇〇〇万円ほどになる。来場者は年間八万～九万人。ブドウ狩りシーズンには一カ月に一万五〇〇〇人もの観光客でにぎわう。八〇席あるバーベキューコーナーも人気で、シーズン中は満席になることが多く、平成二三年中には一二〇席に拡張の予定だ。自社畑は六ヘクタールあり、その約九割に巨峰が棚仕立てで植えられている。そのほかは実験や見学者への説明用に植えられている垣根仕立てのカベルネ・ソーヴィニヨン、メルロ、ピノ・ノワール、シャルドネ、リースリングなど（ワイナリー内のレストラン「ホイリゲ」でしか飲めないハウスワインの原料となっている）が見られる。自社畑のブドウはおよそ三トン。その他に七～八トンを田主丸町の約七〇軒の巨峰栽培農家から買い取っている。

巨峰ワインの代表取締役会長、13代林田伝兵衛

現在、スタッフは七名。ワインの醸造は川島教朋（崇城大学応用微生物学科卒、平成一五年入社）と焼山丈彦（九州産業大学工学部卒、平成一一年入社）に任せている。二人とも伝兵衛の指導の下、ワイン造りの技術を磨いてきた（醸造にはまったくの素人であった焼山は入社してから、まず日本酒を学べという正典の命令で国税局の酒類鑑定官室の二週間の日本酒造りの講座を受けている）。醸造では、繊細な巨峰の香りを損なわないように不活性ガスを圧搾機の受皿やタンクに多用して極力酸化を防ぎ、師の目指した和食に合うようなやさしい気品あるワインに仕上げるよう注意している。

伝兵衛はワイン醸造の主な仕事を若手に譲ると、ワイン醸造家という枠から飛び出し始めた。家庭で気軽に楽しむような、身近なお酒を普及させたいという理念を持つ伝兵衛は、消費者が自分のワイナリーとして楽しんでもらえるよう、「マイワイン造り」という企画を考え出した。巷にあるワイン醸造体験ではなく、顧客に持ち込んでもらった原料からオリジナルワインを造るという前代未聞のものだ。そのための特別の仕込み装置も備えている。ブドウ以外も可能で、顧客が栽培したブルーベリーやミカン、甘夏、カキ、イチゴ、ビワなどの原料が持ち込まれ、さまざまな果実酒が醸造されている。原料の果実にして三〇キロから引き受け、年間二〇～三〇件ほど申し込みがあるという。中にはキャンベル・アーリーを一トンも持ち込んだ愛飲家がいたそうだ。気になる価格は三〇キログラムだと一本（七二〇ミリリットル）あたり二三〇〇円。一〇〇〇本単位くらいになると一本一〇〇〇円前後になるという。まさに顧客が家庭で楽しめる「自分のワイン」だ。

伝兵衛は原料となる果実に「おまえは何になりたい？」と聞くそうだ。「自分は環境を整えてやるだけ。お酒になるのは酵母や果実の力だからね。ブドウは素直だけど、ミカンとは良くケンカした」とおかしげに笑う。夢は酒を通して日本人の食生活をもっと豊かにすること。こだわったものではなく、もっと身近なレベルで実現を目指している。その夢を追ってゴボウ、ダイコン、ニンジン、ダイコンの葉等々、身の回りで思いつくありとあらゆるものを原料に酒造りに挑戦する。ワンカップの容器で何十回と試験醸造をして思うような酒に近づけていく。ＮＨＫの番組で「何でも酒にする男」として紹介されたこともある。平成二三年に「その他の醸造酒類」の酒造免許（管内で一〇年以上交付されたことがなかった）を取得した。

伝兵衛は平成一四年、六九歳のときＳ字結腸のがんで手術し、四年後に肝臓に転移が発見され手術、七七歳ではがんが冠動脈に癒着しているのが見つかっている。がんに良いという野菜のメニューを、酒のほうが吸収しやすかろうと片っ端から酒にしていく。「これがまた面白くてね」と正典は屈託のない飛びきりの笑顔で笑うのだ。
ワイナリーの目的とは何だろうか。観光客誘致が目的のワイナリーもあれば、高品質のワイン造りを目指したワイナリーもある。巨峰ワインは通常のワイナリーという概念ではとらえきることができない。一三代目林田伝兵衛という個性と、田主丸という巨峰ブドウの産地が生み出した、農民が楽しめる酒を造る、農民のためのワイナリーなのではないだろうか。まさに「土着のワイナリー」という言葉が似合うワイナリーである。

（遠藤　誠）

ワインリスト（別途記載のものを除き、容量は七二〇㎖。価格は税込み）
巨峰葡萄酒ルージュ（赤・軽口）二三〇〇円
巨峰葡萄酒スウィート（白・ほのかな甘口）二三〇〇円
巨峰葡萄酒ドライ（白・辛口）二三〇〇円
若摘み巨峰ワイン（白）三一五〇円
ワインの赤ちゃん（甘口）アルコール七％。五〇〇㎖　一三〇〇円

熊本県

熊本ワイン――創意工夫とチャレンジでワイン好きを楽しませる

最近、ワイン愛好家の間で瞬く間にうわさになった評判のワイナリーがある。しかも南国九州の熊本県に、だ。その名も「熊本ワイン」という。熊本県唯一のワイナリー（※1）は、雄大な阿蘇山の西裾にある熊本市の中心部から北へ約六キロ、緑豊かな熊本市和泉町に社屋を構える。熊本市中心部から交通の便は良い。JR鹿児島本線で熊本駅から一〇分足らず、西里駅で下車しタクシーで五分ほど（徒歩だと約一五分）でワイナリーに着く。車を使って九州のワイナリー巡りをするなら、九州自動車道を植木インターチェンジで降り、国道三号線を南下すれば二五分で到着する。市中心部からは一般道を走って二〇分足らずだ。

ワイナリーは「フードパル熊本」という食のテーマパーク内にある。フードパルは市の主導で出展企業が出資して創立された株式会社フードパル熊本が経営する、観光客を対象にした見学や試飲・試食、体験が可能な消費者参加型の工場団地であり、熊本ワインの南欧風のしゃれた建物はその一角を占める。その観光ワイナリー風な外観に、初めて訪問する愛好家の方は戸惑うだろうが、外見に惑わされてはいけない。観光客の誘致にも成功しつつ、国内のワインコンクールで多くの賞を獲得しているワインがここで造られているのである。

そもそも南九州コカ・コーラボトリング株式会社（同市内に本社がある）に、熊本市が立案したフードパル熊本への出店要請があったことから始まる。しかし同社は熊本市内に既にボトリング工場を持っていたため、当時、社長であった本坊雄一（現相談役）は、コーラ以外で何か地産地消をテーマに協力できるものはないかと検討をし、リストアップされた数々の県内特産品の中からブドウに着目した。本坊一族は元々ワインとのかかわりが深いこと、また当時は空前のワインブームであったことなどもあり、熊本県産ブドウでの本格的なワイン造りを柱とした、観光ワイナリーの設立を決定したのであった。

本坊一族は山梨県にマルスワイナリー、山形県に高畠ワイナリーを所有しており、そこで培ったワインの醸造技術はもちろん、営業やショップの運営といった、ワイナリーの設立・運営に関する総合的なノウハウが蓄積されており、更に当時の九州には観光ワイナリーがまだ少なかったことからも経営的にも将来性があるという判断である。その後は紆余曲折があったものの、南九州コカ・コーラ一〇〇パーセント出資、代表取締役を本坊雄一とし、平成一一年に熊本ワインは設立されたのだった。

順風満帆の滑り出しに見えたが、本社の南九州コカ・コーラは本来清涼飲料メーカーであるため、ワイナリー側と体質や体制が異なることが次第に表面化していった。例えば、工場で画一的な製品を大量に生産するコーラと、畑では天候などの状況、ワイナリーでは発酵や熟成の具合により臨機応変の対応が求められるワイン造りとでは、現場での意思決定に必要とされるスピードや方法があまりに異なる。ワイナリーを実質的に支えてきた本坊一族としては、ワイナリーの更なる発展のために思い切った改革の必要を強く感じていた。

そこで次なるステップへの布石として、本坊幸吉（本坊豊吉（※2）の息子。現南九州コカ・コーラ会長）の従弟で高畠ワイナリーでの勤務経験のあった玉利博之（昭和三九年生まれ）が、平成二一年五

熊本ワインのエントランス

月に代表取締役に就任する。そして二三年七月には本坊幸吉、玉利博之、永田幹郎（幸吉の義弟）が南九州コカ・コーラボトリング社が保有していた熊本ワインの株をすべて買い取り、本坊家のワイナリーとして独立したのだった。これはローカル・ワインとして地元に根づいて活動していこうという幸吉の意思の表れでもあった。

現在も代表取締役の玉利博之は、熊本の高校を卒業して帝京大学の英文科に進む。学生時代は音楽に傾倒し、情熱を抑えきれず卒業を待たずして渡英。三年間思う存分音楽活動を続けた。その時に本場ヨーロッパのワイン文化と出会って傾倒していき、帰国後音楽プロダクションに勤めるもワインへの情熱が次第に膨らみ、ついに平成八年には山形県の高畠ワインに入社している。玉利の父は山梨県に本坊酒造が持つマルスワインの二代目工場長の玉利六雄である。

現在生産量は年間七二〇ミリリットルのボトルに換算して約一四万本。自社畑は持たないが、原料のブドウはすべて国産ブドウだ。原料ブドウのうち六三パーセント（キャンベルやマスカット・ベリーA、巨峰など）は県内の農協（デラウェア、ナイアガラ、キャンベルの一部は他県）から仕入れている。旗艦ワインに使用するシャルドネ（三〇トン）とカベルネ・ソーヴィニョン（八トン）は、ワイナリーから北に約二〇キロほどのところにある山鹿市菊鹿町内一三軒（二・六ヘクタール）の契約農家が精魂こめて育てたものだ。垣根仕立て（一部は、垣根状に仕立てたブドウ樹上を雨よけのためにビニールで覆うレインカット方式）で栽培され、当初の二年ほどはレインカット方式の生みの親である志村富男（元マンズワイン）が契約農家に植え付けから栽培を指導した。現在は菊鹿町葡萄指導員の渡邊和敏が農家の指導にあたっている。

菊鹿町の土壌は、阿蘇火山地域にあり非アルカリ性の火山花崗岩。ブドウ畑が広がる場所は砂地で水はけが特に良い（近くには採砂場がある）。しかし夏の暑さは厳しく、年間降水量は一六〇〇～一九〇〇ミリリットルと、お世辞にもワイン用のブドウ栽培に向いているとはいえない熊本で更なる高品質なワイン造りを目指し、ワイナリーと栽培農家、菊鹿町の農業指導員の渡邊和敏が一丸となって創意工夫に励んでいる。

その一例が平成一五年から始めたナイトハーベスト（深夜に収穫すること。ワイン名にもなっている）だ。農家やワイナリーの社員、近隣のワイン愛好家が集まり、気温の低い午前〇時から三時の間に一気にブドウを収穫する。涼しい夜間に収穫すると、果実の品温が低いためブドウが傷みにくい。深夜の作業なので、苦労は大きいが、少しでも質の良いブドウをワイナリーに運びたいという工夫だ。運び込まれたシャルドネは完熟して種が透けて見えるほどで、糖度は二〇度を超え、一部は二三度にも達するという。

初代醸造責任者は竹内啓二（南九州コカ・コーラからの出向、カリフォルニアでワインの研修を受けた）。現在は幸山賢一が醸造を担当する。幸山は熊本市立商業高校（現千原台高校）卒。いったんは県外の他業種の仕事に就くが、故郷でワイナリー誘致の話を聞くや、「もの作りをしてみたかった」。幸山は平成一〇年熊本ワイン設立と同時に入社。初年は売店勤務だったが、勤勉・実直さを認められて二年目から晴れて希望通り製造部門に異動となった。その後竹内の下でワイン造りの実地研修を受けながら（短期間だが高畠ワインで研修もしている）技術の研鑽を積み、平成一七年から製造の責任者となった。

果実本来の姿を大事にしたいという幸山は、発酵中は細かな温度管理にこだわり、またシャルドネの発酵熟成に使用する樽には、樽が持つニュアンスが強く出すぎないようにブルゴーニュ産のものを選ぶ。そうすることによって果実の状態や品種に合わせた醸造を設計し、バランスの良いワイン造りを目指しているのだ。その成果が早くも表れている。国産ワインコンクール２００８では「菊鹿ナイトハーベスト２００７」が金賞を受賞、ジャパン・ワイン・チャレンジ２００９において「菊鹿ナイトハーベスト２００８」が入賞したのだ。この時はベスト・ニューワールド・白ワイン部門で最優秀賞の栄誉に輝いた。これは日本ワイン初の快挙である。

これだけの成功にも幸山は現状に留まるを潔しとせず、チャレンジ精神を忘れていない。平成二二年には「２０１０年菊鹿カベルネ樽発酵ロゼ」を一〇〇〇本だけ試作。セニエ（赤ワインと同じように果汁を果皮や種と一緒に途中まで発酵をさせる、ロゼワインの造り方のひとつ）し、その後フランス産の小樽にて発酵させたロゼワインで、独自の工夫によりブドウの持つ豊かな香りや味わいを引き出した。

カベルネ本来の香りと複雑さを兼ね備えた、しっかりとした辛口のロゼができたと、楽しげに幸山は説明をする。将来的にも現在のスタイルを崩すことなく、熊本の郷土料理との相性を研究するなど熊本に合ったワイン造りを模索しているのだと言う。熊本という気候的には決して恵まれているとはいえない気候風土の下でも、実直な努力と創意工夫で素晴らしいワインが造れることをこのワイナリーは証明しているのではないだろうか。

熊本ワインは、年間来場者数は八万人で売り上げは二億三五〇〇万円、従業員は一〇人の、中規模のワイナリーだ。「菊鹿ナイトハーベスト」は世に認められ、経営的にも安定している。しかし代表の玉利や幸山をはじめスタッフ一同は進取の精神にあふれ、今回の資本の独立により更に飛躍しようとしている。まだまだ愛好家を楽しませてくれるワイナリーであろう。

（遠藤　誠）

※1　熊本県には㈱福田農場ワイナリーもあるが、こちらはフルーツワインを製造している。
※2　本坊豊吉は「本坊酒造」の三代目社長。ワインとの関わりなど詳しくは既刊『東日本のワイン』の「高畠ワイン」の項参照。

ワインリスト（別途記載のものを除き、容量は七二〇㎖。価格は税込み）
熊本マスカットベリーA 赤（ライトボディ）一四〇〇円
熊本ロゼ（甘口）一四〇〇円
熊本キャンベル・アーリー（赤・甘口）一五〇〇円
熊本デラウェア白・辛口　一四〇〇円

ナイアガラ（白・甘口）　一五〇〇円
キスキッカ白（辛口）シャルドネ　一六〇〇円
キスキッカ赤（ミディアム）カベルネ・ソーヴィニョン　一六〇〇円
菊鹿カベルネ樽熟成2009（赤・ミディアムボディ）二四〇〇円
菊鹿シャルドネ樽熟成2009（白・辛口）二五〇〇円
菊鹿ナイトハーベスト五郎丸2010（白・辛口）シャルドネ　三五〇〇円
菊鹿セレクション小伏野《こぶしの》2010（白・辛口）シャルドネ　三五〇〇円
マスカットベリーA樽熟成2008（赤・辛口）一八〇〇円
巨峰のしずく（白・極甘口）二五〇〇円
熊本シャルドネ極上甘口（白・極甘口）果汁を低温抽出したもの　二五〇〇円
酸化防止剤・無添加赤ベリーA（赤・ミディアム）五〇〇㎖九八〇円

大分県

三和酒類　安心院葡萄酒工房――九州にワイン文化を。コンセプトは「杜の百年ワイナリー」

大分県の北部、国東半島の付け根に位置する宇佐市には全国に四万六〇〇〇社ほどある八幡社の総本宮である宇佐神宮がある。古くから開けた土地で全国から訪れる人も多い。平成一七年に、宇佐市、宇佐郡安心院《あじむ》町、院内町が合併して、現在の宇佐市が誕生した。三和酒類株式会社安心院葡萄酒工房は、その宇佐市の南東部の山あい、安心院盆地にある。一説によれば「安心院」という地名は、昔湖水のあったところに葦が生えていたところから葦生《あしぶ》、転じて現在の安心院と変化したという。安心院盆地には南側から津房川と深見川が流れ込み、盆地の北で他の川とも合流して周防灘に注ぐ。安心院盆地には米を、周縁の丘陵ではブドウを産する。また、盆地を流れる川はこの地に豊かな食文化を提供し、鯉やスッポンの料理はこの土地の名産として知られている。

現在の安心院はグリーンツーリズム（GT）が盛んで、平成八年に町を上げての取り組みを宣言し「安心院グリーンツーリズム研究会」を発足させている。農村文化の伝承を目的として観光誘致を図り、都市部の中高生の農業体験を積極的に受け入れると同時に、日本全国をはじめアジアからの視察観光者が多く訪れる、農家民泊の発祥の地である。平成二〇年七月には地元GT研究会の提案により「ツーリズムの町・宇佐、ハウスワイン特区」に認められた。これは自家製ワインを提供することで農泊の付加価値を高め、グリーンツーリズム推進につなげるのが狙い。酒税法上の最低製造数量基準（六キロリットル）の緩和により、農泊の体験者が自分で作ったブドウを原料にワインを醸造することがで

安心院家族旅行村の敷地内にある安心院葡萄酒工房

きるようになるという全国でも注目するべき試みである。

風光明媚なこの地にある安心院葡萄酒工房を訪れるには、いささか時間を要する。ＪＲ日豊本線中津駅より大交北部バスに乗り安心院方面行き約七〇分安心院下車、またはＪＲ柳ヶ浦駅よりタクシーで国道三八七号を通って約三〇分、同じくＪＲ宇佐駅よりタクシーで国道一〇号経由国道三八七号に入り約三〇分。車の場合は大分市方面からの場合は大分自動車道、日出《ひじ》ジャンクションより宇佐別府道路へ入る。大分空港からは大分空港道路より、速水インターチェンジ経由で宇佐別府道路へ入る。いずれも安心院インターチェンジから県道四二号線を安心院温泉センター方面へ向かう。温泉センター先を左折し、坂道を上がり家族旅行村を通り越したところにブドウ畑が見える。その奥にワイナリーがある。安心院インターから約七分。

年間の降水量は一六〇〇～一七〇〇ミリとブドウ栽培適地としてはやや多く、台風のシーズンには直撃を受けることもある。南西に由布・鶴見岳連山が控えており、南方からの湿度の高い空気を遮るため、九州では比較的雨が少なく、瀬戸内海の影響を強く受ける温暖なエリアになる。平均標高一五〇～二〇〇メートルの盆地は、朝晩の寒暖の差が大きい点もブドウ栽培に適している。

三和酒類は、昭和三三年に赤松本家酒造の赤松重明、熊埜御堂《くまのみどう》酒造場の熊埜御堂英二、和田酒造場の和田昇の三者・三酒造により、清酒の共同瓶詰場として設立。翌年には西酒造の西太一郎が参加して現体制となる。四者は公平が原則として平等に株を持ち合い、業務の分担もそれぞれが分け合った。もともと大分は清酒文化圏であったが、折しも大手酒造メーカーの九州進出に押されて、清酒造りが行き詰まる中、先行して麦焼酎「二階堂」を発売した二階堂酒造に刺激を受けて、焼酎を主力商品に転換することを決意、昭和五四年には麦焼酎「いいちこ」を発売する。当時の「焼酎は貧乏人の飲む臭い酒」というイメージを覆す軽快な口当たりが特徴で、広告戦略には、アートディレクターの河北秀也を起用した。また写真家浅井慎平の撮影によるポスターは都市部で話題を呼び、これまでの焼酎の持つイメージを一新する斬新な打ち出しにより、首都圏で爆発的にヒットした「いいちこ」は乙類焼酎の代表的なブランドの地位を確立する。

企業の存在そのものが文化と考え、グローバルに考えローカルに行動するというマーケティング活動を通じて、別府マルタ・アルゲリッチ音楽祭やアジア太平洋水サミットへの協賛のほか、昭和六一年より文芸誌『季刊 iichiko』を発刊するなどメセナ活動にも熱心に取り組んでいる。平成二二年の売上高は五二二億円と、八年連続して焼酎業界の首位の座に君臨する酒類総合企業である。

安心院がブドウ産地として力を入れていくことを受けて、三和酒類は昭和四六年八月に清酒業のかたわら果実酒造免許を取得した。醸造技術の向上を目的として三楽（現メルシャン）より指導を受ける。昭和四九年六月には地元産のブドウを原料に利用した「アジムワイン」を発売する。当時は、三和酒類の創始者である赤松本家酒造の酒蔵を利用してワイン製造が行われていた。焼酎ブームで波に乗ったところでワイン事業（洋酒事業）の本格化を視野に入れて平成元年宇佐市の本社工場に隣接してアジムワイナリーを建設する。平成六年に甘味果実酒、リキュール、ブランデーの製造免許を取得し、アジムワイナリーでは、リキュール、ブランデー、甘味果実酒の製造も開始し、総合酒類メーカーへ向けて確実に歩みを進めることとなる。

その後、赤ワインブームの影響も受け、安心院町から国民休暇施設「家族旅行村」の用地の一角にワイナリー誘致の申し入れがあり、三和酒類の洋酒事業への本格化への思いが重なり、平成一三年一〇月に待望の「安心院葡萄酒工房」がオープンする。このワイナリー開業に先駆けて平成一一年には、現在のワイナリーに隣接する土地にシャルドネ、カベルネ・ソーヴィニヨン、メルロ、シラー、セミヨンを植え付けた。

安心院葡萄酒工房は三和酒類の一部門であり、工房長鈴木武をはじめ一三名のスタッフがワイン造り・販売に携わる。栽培、醸造の責任者である古屋浩二はエノログ（ワイン醸造技術管理士）の資格を持つ、平成六年の入社後、平成一二年にカリフォルニア大学デイヴィス校に留学し、ソノマ、ナパ、オレゴンのワイナリーで研修する。平成一三年に帰国後は原料ブドウの質を追求するために、生産農家と協力し合って安心院の土地に適した品種や栽培法を探求。ブドウの個性を最大限に引き出し、さらには安心院の個性を表現するワイン造りを考えて取り組んでいる。開園当初は、数アイテムであった商品群も、現在では、スパークリングワインからスティルワイン、甘口ワインまで、食事との相性を見極めながら、食前から食後までをカバーできるワインの商品構成にまで成長している。また、ショップには日本のワイン造りを学ぶべくこの地に移住したソムリエの資格を持つ内野隆之が常駐しており、ビギナーからワインのプロまでさまざまな層の来訪者に熱心に接客している。

ワイナリーの年間売上高は二億円、安心院産ブドウの年間の仕込み量は年により差があるが平成二二年度の実績では一六〇トン、生産量は一六万本である。

安心院は、昭和四〇年代初めに国のパイロット事業として大規模ブドウ団地が造られ、数百軒の生産農家がデラウェア、キャンベル・アーリー、マスカット・ベリーA、巨峰を生食用として手掛ける、西日本屈指のブドウ産地であった。当時の結果樹面積（果実を収穫できる面積）は三二〇ヘクタールもあった。現在では農家の高齢化や後継者不足により耕作放棄が進み、畑の面積も年々減少している。こうした状況に歯止めを掛けるために地元農協と市が出資する農業公社が設立され、ワイナリー周辺の農地を所有しブドウ栽培を下支えする。

三和酒類は株式会社石和田産業を設立し、平成二二年に総事業費一億円を投じてワイナリーの敷地に隣接する耕作放棄地を購入し、四ヘクタールの畑を「あじむの丘農園」と名づけてワイン専用品種のブドウ栽培を開始した。地元の安心院高校普通課園芸マネジメントコースの生徒たちがブドウ栽培を学べる場としても、この「あじむの丘農園」の畑を提供し、地域の活性化や将来のブドウ栽培者の育成へ向けた活動に対して意欲的に取り組んでいる。

契約栽培農家は三軒、このうち松本地区には、建築業を廃業して当時桑畑であった荒地を開墾して

ずらりと並ぶ発酵槽

取り組んだ父の後を継いだ安倍斉がいる。安倍の畑、イモリ谷はシャルドネ、メルロを栽培し、何もわからないまま試行錯誤の中で栽培したブドウから五年目にして、国産ワインコンクールで金賞を取るまでになった。現在では「シャルドネ イモリ谷」は安心院葡萄酒工房唯一の単独畑の銘柄としてリリースされている。

ワイナリーは安心院家族旅行村の敷地内にあり、周辺には宿泊施設をはじめとして観光ブドウ園や温泉、プール、アスレチック、パークゴルフと、レジャー施設が豊富である。総面積二・六ヘクタールのワイナリーは、テイスティング・カウンターのあるショップにカフェ、醸造設備や貯蔵庫などを気軽に見学でき、親しみやすい雰囲気。なかでも、人工的な冷房をしないで低温を保っている半地下式の樽熟成庫は珍しい。希望すれば丁寧に解説をしてくれるガイドが無料（要予約）で付く。「杜のワイナリー」をコンセプトに掲げているとおり、敷地内には数多くの木々が植栽されており、まるでミニ植物園のようである。涼やかな木蔭を散歩する人も多く、年配者や子ども連れに配慮してバリアフリー設計を採用している。

ワインに関しては平成一五年、第一回国産ワインコンクールでシャルドネが銅賞を受賞したことを皮切りに年々評価が高まってきた中で、一九年には「シャルドネ2006」が金賞とともにカテゴリー賞を受賞した。この年はさらに「シャルドネ イモリ谷」「シャルドネ リザーブ」の二本が銀賞と、これまでの苦労が一気に開花した。国産ワインコンクールでは第一回から八年連続して受賞ワインを出しており、近年、特にシャルドネが評価されている。

平成二二年に購入して開墾した畑「あじむの丘農園」では、カベルネ・フランやプティ・ヴェルドなどのヨーロッパ系品種だけでなく、山ブドウの交配種小公子までの一〇数種を植え付けたほか、温暖化対策としてタナやアルバリーニョなどの試験栽培を行っている。また、宇佐市に自生する山ブドウと醸造用品種メルロなどを交配し、新品種の開発などの取り組みも行っており、今後の更なる発展を期待したいところだ。

垣根式の栽培方式も平成一四年から試験が行われていたが、必要な雨よけのワイヤーや新梢管理の上では、棚式の方が良好との判断のもと、「あじむの丘農園」での仕立ては棚式でレインカット方式を採用している。これらのブドウの生産が軌道に乗った暁には新たなブランドの創設も視野に入れている。今までも、一四年に試験的に植栽したソーヴィニヨン・ブランは、試験栽培が良好であったこともあり、契約農家へ栽培移管され、単独での瓶詰め・リリースを待ってタンクに眠る。

また瓶内二次発酵のスパークリングワインには平成一七年からチャレンジしている。初年度は途中で発酵停止してしまい商品にならなかったが、試行錯誤のすえ、一九年に初リリース。シャルドネ一〇〇パーセントでコストパフォーマンス抜群の「安心院スパークリングワイン」は、国産ワインコンクール２０１１で、見事に金賞、カテゴリー賞を受賞した。近い将来、同社の看板商品になるだろう。

ワインのラインナップは幅広いわりに、価格帯は三〇〇〇円台以下に絞り込んでおり、とてもリーズナブルである。そしてシャルドネを中心とした白ワインの品質は極めて高く、西日本を代表するワイナリーのひとつといってよいであろう。

同社のコンセプトである百年ワイナリー構想は着々と歩を進めてきている。平成二三年五月にはワイナリーオープン一〇年目にして来場者が百万人を超えた。ブドウ栽培へのさまざまな取り組みやワインの質の向上は目覚ましく。今から約四〇年前に西日本屈指のブドウ産地であった安心院の地を、ワインをもってして世界に発信できる日は遠くないであろう。

（金子猛雄）

ワインリスト（主要製品　別途記載のものを除き容量は七二〇㎖。価格は税込み）

安心院ワイン白（やや甘口）デラウェア　一二五〇円　三六〇㎖　六八〇円
安心院ワイン白リザーブ（辛口）シャルドネ、セミヨンほか　一六〇〇円
安心院ワイン赤（ライトボディ）マスカット・ベリーＡ　一二五〇円　三六〇㎖　六八〇円
安心院ワイン赤リザーブ（ミディアムボディ）マスカット・ベリーＡ、メルロほか　一六〇〇円
安心院ワインロゼ（やや甘口）マスカット・ベリーＡ、デラウェア　一二五〇円
安心院スパークリングワイン（発泡性・辛口）シャルドネ一〇〇％　七五〇㎖　二九〇〇円
安心院葡萄酒工房デラウェア辛口（白・辛口）一三〇〇円

安心院ワイン シャルドネ イモリ谷（白・辛口）二七〇〇円
安心院葡萄酒工房 シャルドネ（白・辛口）二五〇〇円
安心院葡萄酒工房 シャルドネリザーブ（白・辛口）三一〇〇円
安心院葡萄酒工房樽熟成 マスカットベリーA（赤・ミディアムボディ）二〇〇〇円
安心院ワイン メルロー イモリ谷（赤・フルボディ）二九〇〇円
安心院葡萄酒工房 カベルネソーヴィニヨン（赤・フルボディ）二六〇〇円
安心院葡萄酒工房 メルロー リザーブ（赤・フルボディ）三三〇〇円
安心院葡萄酒工房 フランシスコ デラウェア（白・極甘口）五〇〇㎖ 二〇〇〇円
安心院葡萄酒工房 フランシスコ マスカットベリーA（ロゼ・極甘口）五〇〇㎖ 二五〇〇円
安心院葡萄酒工房 ザビエル（赤・極甘口）マスカット・ベリーA ブランデーを添加する酒精強化ワイン五〇〇㎖ 二四〇〇円

大分県

久住ワイナリー――故郷に飾る第二の人生　マイクロワイナリーの夢

九州の中央に位置する「阿蘇くじゅう国立公園」の一角、くじゅう連山の主峰である標高一七八七メートルの久住山は、一七九一メートルの中岳とともに九州本土最高峰を形成する。南麓には豊かな自然に恵まれた美しい高原地帯が広がり、観光牧場など酪農が盛んである。南西の方角に阿蘇五岳を望むこの地は、現在でも活動を続ける火山地帯にあり、炭酸泉として名高い長湯温泉など九州で有数の温泉地帯として古くは湯治場でもあった。また地熱を利用して発電も行われており、昭和四二年八月には大岳発電所が完成し、昭和五二年六月には国内最大級の八丁原発電所が完成し現在も稼動を続けている。

ワイナリーへは、大分～熊本間を走るJR豊肥本線豊後竹田駅より大野竹田バス久住経由長尾温泉行きで約二〇分。車なら大分より県道四一二号線で竹田市を目指し、国道四四二号を北上して約九〇分。大分自動車道由布院インターよりやまなみハイウェイを熊本方面へ約六〇分。熊本からは国道五七線経由でやまなみハイウェイを由布院方面へ九〇分　空路の場合は熊本空港から六〇キロである。

気候は、太平洋の影響を受ける地域であるが、局地的には久住山系の影響が強い。年間の降雨量は多く二〇〇〇ミリを超える。夏は南西より温かい風が吹き寄せ、台風による被害も少なくない。寒暖の差が大きく、夏は短く例年八月のお盆過ぎには涼しくなる。冬季は五〇センチ前後の積雪もあり、気温も氷点下の日が続く、九州でもっとも冷涼な地域である。

オーナーの藤井文夫は昭和二二年の生まれ、大分市内で建設会社を経営していたが、三八歳のときに旅行先で長野と山梨のワイナリーを訪ねてワイン造りに興味を持つ。「今すぐには難しいが、五〇代で今の会社を引退して故郷である久住に帰り、ワイン造りをやろう」と漠然と思った。平成一二年に建設会社を退職するとワイナリー開業の夢の実現に向かって、久住での土地探しが始まったが、なかなか貸し手が見つからず苦戦する。近隣にワイナリーがなく地元の理解もなかなか得られない。そのとき「ここをブドウ畑にしたら良い景観になるだろう」と、三三名の共有地であった現在の土地を調整して提供に動いてくれたのが中組牧場の志賀和生社長だった。

畑を借り受けると平成一四年二月二〇日にマンズワインの志村富男の指導を受けてマンズ・レインカットで仕立てた畑は、シャルドネ、ションベルガー、メルロ、ピノ・ノワール合わせて四五〇〇本を植え付けた。標高八五〇メートルの風光明媚な地だが、野生の動物の害に悩まされることも少なくない。収穫の直前に、シカやイノシシなどに一トン近くもの食害を受けた年もあったという。苦労を重ねて一七年一一月には醸造免許を取得して念願の初仕込みを行う。

現在の製造主任である中澤和生は、福岡県出身。山梨大学を卒業後、本坊酒造山梨マルスワイナリー、由布院ワイナリーを経て平成一七年に入社した。現在は藤井の右腕として志村の指導を受けつつ、栽培・醸造を一手に引き受けている。五ヘクタールの自社管理畑を中心に二〇トンほどのブドウの仕込みを行う。志村の指導を受けて自社独自のブドウ品種の開発も行っている。山ブドウの「行者の水」とメルロを掛け合わせた「くしふるの夢」は、万葉の昔、久住が「星の降る里」と詠まれていたことから久住の「く」と星の「し」を掛け合わせてつけた名である。「行者の水」は小粒で酸がかなり強い。そのためワインもしっかりとした味わいのものに仕上がるので、藤井はワイナリーの柱のひとつ

看板の背後にワイナリーが見える

になると考えている。ちなみに、日本に自生する数種の山ブドウのうち、特異な一種が「サンカクヅル」である。このブドウを行者が食べたという伝説から「行者の水」と呼ばれるようになった。日本でこの山ブドウに着目し、ワインを造り続けているのが、長野県の「信州まし野ワイン」と静岡県の「中伊豆ワイナリー」である。次はやはり山ブドウから今度は白品種の開発をもくろんでいる。

ワイナリーの運営は藤井を含めた五名のスタッフで行っている。醸造所併設のショップには広いテイスティング・カウンターがあり、ひと通りの試飲が可能となっている。正面に久住山を望むブドウ畑を目の前にしたテラスのあるカフェでゆっくりするのも良い。向かいの敷地内にはピザ用の石窯がある。これも建設業出身の藤井自らが設計して仕上げた。ここではもちもちとした食感の本格的なピザの味が楽しめる。平成二二年秋には暖炉のある三〇席ほどのレストランをオープンさせた。これもワイナリーの冬場の収入源のひとつとして考えており、ここはワイン造りを希望して三年待って入社したソムリエ出身である新立幸次が担当している。戸外にはブドウ棚の下にもバーベキューテラスも併設されていて、オープンして半年足らずであるにもかかわらず、県外からのリピーター客も多く、久住高原の新たな人気スポットとなるだろう。

現状ではまだブドウの樹齢が若く、標高八五〇メートルの冷涼な気候はブドウの熟度に課題が残っている。半面、この気候ゆえに日本における新たなピノ・ノワールの適地として期待がかけられる。また、台風や阿蘇から吹き上げる強風対策の防風林の植え付けも検討中である。次は就農体験用にブドウのハウス栽培ができる施設づくりを考えており、これまで助成金などの補助を受けずに孤軍奮闘してきたが、後継者育成のために農業振興資金の活用も視野に入れている。まだまだ藤井の夢は終わらない。

（金子猛雄）

ワインリスト（容量は七二〇㎖。価格は税込み）
メルロ（赤・ミディアムボディ）一八〇〇円
メルロ樽（赤・ミディアムボディ）二一〇〇円
ピノノワール（赤・ミディアムボディ）一八〇〇円
シャルドネ（白・辛口）二〇〇〇円
くしふるの夢 赤（ライトボディ）二五〇〇円
くしふるの夢 赤（甘口）二五〇〇円
久住の風 白（やや甘口）ションベルガー　二五〇〇円
高原の雫 赤（甘口）山ブドウ、ピノ・ノワール　三五〇〇円
高原の雫 白（甘口）シャルドネ、ションベルガー　三五〇〇円

宮崎県

綾ワイナリー――有機農業の町で観光ワインに徹しながら品質を追求

宮崎市の西方約二〇キロにある綾町は「有機農業の町」と「照葉樹林都市」がスローガン。日本一の規模の原生の照葉樹林は、世界でも類を見ない規模だ。町の人口は約七三〇〇人だが、その美しい自然やさまざまなイベントなどの観光資源があり、年間約一〇〇万人が訪れるという。綾町へは車なら宮崎駅前から四〇分ほど、JR南宮崎駅近くの宮交シティというバスターミナルからはバスが出ていて、小一時間ほどで着く。

その綾町にある綾ワイナリーはそば焼酎の「雲海」で有名な雲海酒造が経営している。ワイナリーは、本格焼酎や清酒、地ビールなどの工場とともに「酒泉の杜」という雲海酒造の施設の中にある。「酒泉の杜」には他にレストランや温泉、宿泊施設、陶芸やガラス工房などもあり、週末は家族連れなどでにぎわうちょっとしたテーマパークになっている。

雲海酒造は昭和四二年に宮崎県五ヶ瀬町で設立され、六〇年に四社を合併し綾町に新工場を建設した。清酒やリキュールの免許を取得して造ってきたが、JA出身の現町長前田穰が、地元の活性化になり、観光客も呼べる他にはない農産物をと発想したのが、地元で栽培されていたブラック・オリンピアというブドウを使ったワイン造りだった。ブラック・オリンピアは巨峰と巨鯨の交配品種で、綾町では三九年ごろから生食用として栽培されており、一九八〇年代には栽培農家が集まり「ブドウ部会」を結成、九〇年代には一〇軒ほどが、ブラック・オリンピアを栽培していた。そして、そのブラック・オリンピアのブドウからジャムやジュース、さらにワインはできないかと考え、雲海酒造の前社長に相談した。そこで雲海酒造では免許を申請し、平成五年に試験免許が下り、ワイン造りは六年から始まった。

ワイン醸造の責任者は工場長の福田清治。昭和五九年の入社以来焼酎造りに携わっていたが、東京都北区にあった国税庁醸造試験所で本格焼酎を勉強、その後清酒、リキュール、地ビールの製造担当を歴任した。平成五年のワイナリーの立ち上げ以来ワイン醸造の責任者だったが、今は本格焼酎や清酒、地ビールやリキュールも含めた工場全体の責任者である。

もともと本格焼酎の技師として入った福田だから、ワインには縁がなく、以前は飲んだこともあまりなかった。イタリアのキアンティを初めて飲んだ時には、なんて渋くて酸っぱいのだろうと思ったそうだ。その後ドイツのやや甘口の白ワイン（カビネット）を飲み、ああおいしい、これなら自分のようにワインをあまり飲みなれていない人にも飲んでもらえるな、と思ったという。実際に造ってみると、デラウェアはミュスカデのようだし、ナイアガラはゲヴュルツトラミネールのようだと感じたそうだ。そこから生食用ブドウで素人でも玄人でもおいしく飲める、ドイツワインのようなフルーティーなワイン造りを目指した。そこからのスタートだから、ラインナップには飲みやすい中甘口や、やや甘口のものが多い。

綾ワインの生産量は年間二〇万本弱。消費は五〇パーセントが「酒泉の杜」の売店から。九州や中国、四国、関西地方からの観光客が買っていく。残りは主に宮崎県内で販売されている。観光客はワインだけが目当てではなく、清酒や焼酎、果実酒も試飲して買うから、当然ワイン通ばかりというわけではない。福田の言うとおり、ワインを飲みなれない人が試飲して素直においしいと思ってくれる、軽く

綾ワイナリー外観

て果実味のあるやや甘口が売れ筋だ。福田は「観光客用のワインだからと言っていい加減なものは造りたくないし、本格焼酎メーカーが片手間で造ったもの、と思われたくない。ワインの品質はきっちり追及しているし、そのための投資も怠らない」と言う。ワインの好みは甘口で物腰も穏やかだが、しっかりとした辛口の発言をする。

ワイナリーとしての採算性の問題もあり、今は初めての人にも飲みやすい甘口寄りのラインナップだが、そこからの利益で辛口の割合を徐々に増やしていきたいそうだ。現在の辛口の販売比率は一〇パーセント。だが今はこれでいい、消費者のニーズが増えてから、と福田は言う。綾ワイナリーの経営の柱は三本あり、ワイナリー、売店、そして二軒のレストランだが、売上はそれぞれ三分の一ずつだという。この物販とレストランの売り上げがなければ、ワイン造りに資本を投下できないのだそうだ。

「酒泉の杜」内に広がる自社畑は四万四〇〇〇平方

メートル。将来的には自社畑一〇〇パーセントを目指すが、現在は総使用量二〇〇トンのうち四分の一の五〇トンを自社畑で賄い、残り五〇トンは綾町のＪＡから、一〇〇トンは宮崎県の他地域、五ヶ瀬、小林、尾鈴、都農などの農家から買い入れている。自社農園ではブラック・オリンピアが半分を占め、その他ナイアガラ、マスカット・ベリーＡ、キャンベル・アーリーなど。メルロやカベルネ・ソーヴィニヨン、シャルドネなども試したが、うまく行かなかったそうだ。

畑はレインカット方式の棚仕立て。年間降雨量約三〇〇〇ミリと非常に雨が多く、台風シーズンは風もとても強いため、普通のレインカットではあまり役に立たず、ビニールハウスでの栽培もしている。もっとも全部をビニールで覆ってしまうと内部の気温が上がり過ぎるので、壁面はネット状になっており、空気は抜けるようになっている。これはイノシシやサルなどの獣害からブドウを守る利点もある。

自社畑での栽培を指導したのはＪＡで指折りの果樹のプロといわれた山本晃三。しかし生食用の経験しかなかったため、ワインに適するように試行錯誤を繰り返した。現在山本は引退し、彼の教えを受けた四名の農園スタッフが栽培にあたっている。減農薬で栽培し、除草剤も使わない。ちなみに綾町では減農薬、無農薬という言葉がまだ浸透していない頃から、「自然生態系を生かし育てる町にしよう」という綾町憲章に基づき、有機農業に取り組んできた。従って買い入れる綾町のブドウはすべて有機栽培されたものだ。

醸造設備は立派で、大型のステンレスタンクが整然と並ぶ。木樽で発酵、熟成させるものは一部で、シャルドネ、マスカット・ベリーＡなど。先にも述べたようにワイン文化のないところで、しかも高温多湿、昼夜の気温差も少なく、酸度も糖度も上がらず、ミネラルも低い、だが濃縮はしたくないという状況下で、選択肢はフレッシュ＆フルーティーなワインを造ることしかなかった。そして生食用ブドウのワインの製法にはドイツの製法が合うと思い、初期にはドイツのガイゼンハイム出身のワインコンサルタント、渡辺正澄を顧問に迎えてアドバイスを受けた。収穫後のブドウをリーファーコンテナで二〜五度に冷やし、空調を利かせた中で数時間かけて低圧プレスでフリーランジュースを搾るなど、手間をかけている。また二〜三週間をかけてコールドファーメンテーション（冷温発酵）を行うため、ステンレスタンクもかなりの数をそろえている。これは酵母にフルーティーな香りをつけるという清酒の技術の応用だという。タンクはすべてジャケット式で、窒素置換をしている。これは焼酎の技術の応用。このワイナリーならではの発想が生きている。

またフレッシュさを保つため加熱処理は行わず、すべて生詰め。濾過には一七〇〇万円を投じたドイツ製の遠心分離器を使用している。このように福田工場長の「焼酎メーカーの片手間と思われたくない。そのため必要な投資はする」という意思がきちんと実践されている。

現在ワイナリーで醸造を担当するのは松浦浩太。まだ二三歳と若いが、すでに五年選手で、この会社らしく、本格焼酎、地ビールの製造も経験し、今はワインに取り組んでいる。福田は未来のホープだと期待を寄せる。なぜ雲海酒造に入社したのか松浦に聞いたところ、「食品に関わる仕事がしたかったから」ということで、本音を言えば自分が好きなビールの醸造が一番楽しいと言う。

ワイナリーの建物はスパニッシュコロニアルスタイルで、人目を引くデザイン。テーマパーク「酒泉の杜」の顔となっている。大きな売店には広い試飲コーナーがあり、訪れる観光客でにぎわっている。雲海酒造の営業拠点が全国にあるにもかかわらず、会社の方針で、綾ワインは「酒泉の杜」と宮崎県内の酒販店やスーパー、コンビニを中心に販売、通信販売もしていない。「酒泉の杜」限定ワインもあるので、宮崎観光の折には時間をつくって訪問し、綾ワインを飲んでみるのも楽しいだろう。（大滝恭子）

ワインリスト（容量は七二〇㎖。価格は税込み）
デラウェア（白・辛口）一一五五円
ブラックオリンピア（白・中甘口）二一〇〇円
巨峰（白・中甘口）一四七〇円
ナイヤガラ（白・やや甘口）一五七五円
キャンベル・アーリー（ロゼ・中甘口）一一五五円
マスカットベーリーA（赤・辛口）一三六五円

宮崎県

五ヶ瀬ワイナリー――きらりと光る第三セクターの星になれるか

五ヶ瀬町は九州のほぼ中央、宮崎県の北西部に位置し、町の東部は日本神話による天孫降臨の地として知られている高千穂町、南部には椎葉村、北西部は阿蘇山系を入り口として熊本県に接している。一六〇〇メートル級の山々が連なる五ヶ瀬町の平均標高は六二〇メートル。町の西部を北流する五ヶ瀬川は標高一六八四メートルの向坂山に源を発し、高千穂を過ぎたところで南東流、深い渓谷を形成して蛇行する。五ヶ瀬とは、上流から高千穂町の吐ノ瀬、窓ノ瀬、あららぎノ瀬、日之影町の綱ノ瀬、延岡市の大瀬の代表的な五つの瀬の名が由来と言われており、延岡市から日向灘へ注ぐ。五ヶ瀬の地質は秩父古生層に属する粘板岩、頁岩に阿蘇火山系の噴出物に生成された安山岩からなり、土壌は全般的に地味肥沃で農作物、樹木の生育環境に適しており、特に古来より釜炒り茶の産地として伝統を受け継ぐ。また町内桑野内地区は農家民泊が盛んでアジアからの修学旅行生も多く、体験型宿泊は近隣自治体からの視察も多い。

このような環境の中で、五ヶ瀬ワイナリーは枡形山を背後に正面に阿蘇山系を展望できる冬季にはスキー場となるなだらかな丘陵地帯に立地している。ワイナリーへのアクセスはＪＲ日豊本線延岡駅より六五キロ、熊本行きの高速バス「あそ号」に乗車して国道二一八号を熊本方面に九〇分。ＪＲ熊本駅からは六六キロ、延岡行き高速バス「たかちほ号」に乗車して国道三二五、二六五、二一八を経由して九〇分。いずれも五ヶ瀬町役場前で下車してそこからタクシーで約一〇分の距離、空路なら阿蘇熊本空港か

五ケ瀬ワイナリー外観

ら車で九〇分。

四季の変化に富み、宮崎県の中でも山間の気象を最も受けている地域である。年間の平均気温は一三・四度で、標高差による寒暖の差が大きい。冬季には積雪も観測され、日本最南端のスキー場を擁する。一方七月から一〇月にかけては台風被害の心配もある。年間の降水量は二〇〇〇ミリから三〇〇〇ミリと多く、日照時間は約一五〇〇時間である。

ワイナリーの開設に先だって、平成八年より五ヶ瀬町の新たな特産品を作ることを目的に町役場主導の下、地元の農家においてブドウの試験栽培が開始された。このとき栽培されたのは香りの豊かなブラック・オリンピア。その後平成一一年に一六戸の農家によりぶどう生産者組合が設立され、シャルドネ、セイベル等醸造専用品種の栽培を始める。一二年から一六年までは雲海酒造の綾ワイナリーでの委託醸造でワインを出していた。しかし、そのうち町民から生産ブドウの有効活用と観光拠点としてワイナリー建設を望む声が高まった。それを受けて、一五年七月一一日に五ヶ瀬町（七五パーセント）とJA高千穂地区（二パーセント）、雲海酒造株式会社（二三パーセント）による共同出資の第三セクターとして、五ヶ瀬ワイナリー株式会社が設立された。ワイナリーは農畜産物加工施設として事業費五億二七一〇万九千円のうち国から五〇パーセントの補助金を受け、生産量二〇万本級のタンクを備えた立派な設備が一七年三月一五日に完成した。九月二一日に起動式を行って本格稼動を始め、地元五ヶ瀬産のブドウ一〇〇パーセントでのワインの醸造を開始する。醸造については県内の綾ワイナリーの立ち上げに深く関わった雲海酒造研究開発部課長の平原敏幸が出向という形で加わり、醸造責任者の佐伯一朗、総務責任者の藤本和秀の三名でワイン造りを開始した。雲海酒造の指導は当初の二年間に限定されていたので、現在では手探りの状態でワイン造りに取り組んでいる。ワイナリーの代表を現五ヶ瀬町長である飯干辰巳が務めるほか、販売企画スタッフとして一〇名が勤務する。

原料仕入れは五〇トン、年間生産量は四〇キロリットル、生産本数五五〇〇〇本、自社管理畑一・二ヘクタール。契約栽培農家は二九戸（七・五ヘクタール）、JAの出資により全量農協経由での買い取りの形態をとる。ナイアガラ、キャンベル・アーリーのほか、醸造専用品種としてシャルドネ、メルローも手掛ける。ワイナリーの設計は、地元の建築事務所に依頼。阿蘇連山を見渡せるレストラン「メゾン・ド・ヴァン」と「夕日の里物産館」もある。

今後の展望であるが、過去六年間はただひたすらに、良い意味で一生懸命、悪く言えば視野が狭い中でのワインの醸造・販売を行ってきた。今後は良いワイン造りを行うための原点に返り、原料ブドウから醸造まで見直す時期にと考えている。特に、ワイナリー設立の目的である農業振興のため地元農家に対してブドウの購入価格が保障されている関係上、質の向上が必須の課題となっている。一方、ここでも高齢化により廃業に至る農家もあり、耕作放棄地の出る可能性もある。それを考えて農地の法人化を視野に入れ、未経験ながら栽培スタッフ二名が新たに入社、ワイナリーに隣接する畑の管理に取り組む。またナイアガラは国産ワインコンクールの北米系品種部門で入賞を果たしており、香りの豊かなブラック・オリンピアとともに期待される品種となっている。将来的には、圧倒的に焼酎消費の強いこの地域においてワイン文化を共存させる魅力あるワイン造りを行い、地産地消に取り組む「ワインの町五ヶ瀬」の確立を目指している。

（金子猛雄）

ワインリスト（容量は七二〇ミリリットル。価格は税込み）

ナイアガラ（白・甘口）一五七五円

キャンベルアーリー（ロゼ・やや甘口）一二六〇円

デラウェア（白・やや甘口）一二六〇円

ブラックオリンピア（白・甘口）二一〇〇円

シャルドネ（白・辛口）一五七五円

シャルドネ 樽（白・辛口）二六二五円

五ヶ瀬赤ワイン（辛口）メルロ、セイベル　一五七五円

宮崎県

都農ワイン――良いワインができるはずがないという常識に挑んだ熱い男たち

南国の香りを漂わせる宮崎に、異色のワイナリーがある。宮崎県の中央部、日向灘に面し、宮崎市と延岡市の中間に位置する都農町にある都農《つの》ワインだ。

JR宮崎駅から列車に乗って、小一時間で都農駅に着く。そこから車で急な坂を上りきった小高い丘の上にある。正面に立つと眼下には日向灘が広がり、壮大で素晴らしい眺めだ。開放的な雰囲気の建物の1階はレストランとワインショップ。ここは都農町などが出資する第三セクターのワイナリー。九万平方メートルの広々とした敷地には、芝生に覆われたイベント用の広場などもある。ワイナリーは平成八年より醸造、生産を開始した。もともと都農町は宮崎県でもっとも生食用ブドウの生産量の多い土地で、キャンベル・アーリー種を出荷していたが、お盆を過ぎると価格が急落する。このブドウをなんとか活用する手はないかと考え出されたのが、ワインにして販売することだった。都農町、尾鈴農協、地元企業などが出資してワイナリーが設立された。

都農はもともと稲作などの農業は盛んだったが、ブドウ産地となったのには、強い情熱を持ったひとりの男が関わっている。その男の名は永友百二。稲作に頼らない農業を理想とした永友は一九歳で梨園を開く。雨の多い都農で果樹栽培は不可能と言われ、周りに非難されながら梨を植え、全国梨品評会で二度にわたり一等賞を獲得するまでになる。梨栽培を軌道に乗せると今度は新たな試みとしてブドウ栽培に着手、たった一本の苗から巨峰を増やすことに成功した。雨や台風、塩害と闘いながらも生産量を伸ばし、五年後には巨峰は高値を呼び、ブドウ農家も増えていった。昭和四三年には都農町ぶどう協議会が発足。そして昭和六〇年代には三〇〇軒を超すブドウ農家が年間二〇〇〇トンのブドウを生産するまでになった。その地元産のキャンベル・アーリーなどを、地元農家から買い上げてワインを造り、販売するというのが当初の計画だったのだが、地元の人々が誇れるワイナリーとして、ワイン専用品種の栽培にも着手することになった。

ワイナリーで当初から栽培や醸造、運営全般の指揮を執ってきたのは、工場長兼支配人の小畑暁《おばたさとる》。昭和三三年、北海道旭川で生まれ。帯広畜産大学の大学院を修了（農産化学専攻）、五九年より海外青年協力隊員として南米ボリビアへ渡り農業指導にあたる。軌道に乗ったのを見極めてから帰国した。帰国後の六三年、南九州コカ・コーラ海外事業部に就職。関連会社のワイナリーなどで四年間ワイン醸造を経験し、平成四年、同社のブラジルの現地法人のワイン工場に支配人として赴任した。その地でワイン造りに励み、ブラジルのワインコンテスト新酒部門で一位に入賞するなど、数々の実績を積んだ。そして八年に知人の紹介で、都農ワインの工場長に就任したのである。ブラジルで培った経験を生かし、「世界に通用するワインを造りたい」との思いで取り組んでいる。日本の最南端のワイン産地、都農の環境は、ブラジルで身につけてきたニューワールドスタイルのワイン造りを生かすのに好都合だった。

小畑の右腕として活躍するのが赤尾誠二。昭和四九年生まれ、宮崎県出身。県内の高鍋農業高校を卒業後、都農町役場に就職。宮崎県食品加工開発研究センター微生物応用科で一年間の研修を経て都農町果実酒醸造研究所にて三年間試験醸造に携わる。その間山梨県のワイナリーにて研修。平成八年より都農ワインで栽培、醸造を担当。一八年には日豪交流事業の一環として、日本を代表してオーストラリア

都農ワイン外観

のマクラーレン・ヴェイルのワイナリーで二カ月半の醸造研修を修める。帰国後正式に都農ワインへ就職、工場長代理となる。この二人がさまざまな試練を共に乗り越え、今日の都農ワインの輝かしい実績を築き上げてきた。

設立の経緯から、原料ブドウは地元産にこだわってきた。地元のブドウ生産者から買い入れているのはキャンベル・アーリーとマスカット・ベリーA。この二つの品種から造るワインはほとんどが新酒として売り出される。ワイナリーがスタートした平成八年、売れ行きは好調だった。そこで経営的な観点から当然出てきたのは、輸入ブドウでワインを製造するという意見。しかし小畑はその時「ワイン造りは農業と同じ。ブドウ栽培という風土を無視してはならない」と主張。経営陣に地元ブドウにこだわる道を選択させた。だがこの選択は結果的に地元農家との結びつきをより強固なものにした。また消費者の信頼を揺るぎないものにできたと小畑は考えている。

この牧内台地のブドウ畑は「黒ぼく」と呼ばれる火山灰土。非常にやせた土地である。一般的にブドウはやせた土地のほうがよく育つといわれるので、当初ワイン用ブドウには適した土地だと思われ、従来のワイン専用品種の育て方でブドウ栽培を始めた。つまり、垣根仕立て、肥料制限、密植など。しかし年間降水量が三〇〇〇ミリ近いという雨の多い土地で、しかも雨は秋の収穫前に集中して降る。そんな中、ブドウは次々と病気にかかる。台風が来ると強風で実や房はたたき落とされた。ひどいものになると幼木のうちに枯死してしまう。

「良質なブドウ以前に健全なブドウを作りたい」小畑と赤尾の悲願だった。試行錯誤は八年間ほど続いたが、平成一〇年に転機が訪れた。地元の有機農業研究会「ＯＦＲＡ」の事務局長、三輪晋との出会いである。彼のアドバイスで土壌分析をしてみると、銘醸ワインの産地に比べ、極端にミネラル分の少ない土地であることがわかった。土が硬く、炭酸カルシウム化しているので、通常の土壌分析ではカルシウム過剰と判断されるケースだが、じつは土にミネラルを保持する団粒構造が足りなかった。そのため土壌づくりに一から取り組むことになった。積極的な堆肥の使用。堆肥を浅く土と混ぜることにより土中の微生物がその堆肥を分解し、植物の毛細根が張りやすい環境を作る。その毛細根からミネラル分が吸収され健全な果実を得ることができる。従来のブドウ栽培では堆肥は窒素分やカリウムが過剰になるとして積極的には利用されなかった。また根の成長は栄養成長に走り、実をつけずに枝ばかり伸びるとされ嫌われていた。しかし積極的に堆肥を投入して土壌の団粒構造を作り、ブドウの毛細根が発育しやすい環境をつくると、健全なブドウ樹とブドウ果実が増え、結果的に農薬の散布量がかなり減った。現在ではボルドー液も散布していない。

ブドウ樹の仕立て方も垣根式にこだわっていたが、ミネラル分の少ない土地では一文字短梢の棚仕立てのほうが養分が行き渡りやすいことに気づき、最終的にはすべてを棚仕立てにするようになった。ただ、雨除けのためのフィルムをかぶせている。都農で食用ブドウを栽培している農家は従来から棚仕立てをしていたが、ワイン専用品種には垣根仕立てという先入観にとらわれていたのだ。土づくりに関しては、今でも鶏糞や、刈った草、木屑などを定期的に土に混ぜている。土の微生物やミミズ、ダンゴ虫などの生物が草などを分解して土に戻し、団粒構造が作られ、そこにブドウの根が張る。散布した鶏糞を土壌微生物が分解し発酵すると、土に白い菌糸状のものができる。すると鶏糞の臭いはなくなる。この堆肥と微生物の働きによって得られるさまざまなミネラル分がブドウの根へと受け渡され、ブドウ、ワインの味わいになっていく。

日々ブドウと向き合いながら都農らしい栽培方法を模索することが都農ワインならではのブドウ造りだと赤尾は考えている。毎日畑へ行き、それぞれのブドウの変化や違いを見極める定点観測を行い、ブドウの育成具合を来る日も来る日も写真に収めている。そしてそれを巻物のようにつなげて毎日眺めている。そうすることで、その年のブドウの生育状況がよくわかるという。オーストラリアに研修に行った際、長さ七メートルにも及ぶその「巻物」を持参してワインメーカーの前で広げてみせたところ、ワインメーカーは目を丸くして驚いた。

このように土と、過酷な気候条件と闘っている中で、平成一五年、イギリスの『Wine Report』誌に都農ワインが掲載された。『Wine Report』はトム・スティーブンソンが編集し、イギリスで出版されているワインガイドで、世界中のワインの動向を掲載、各地区のワインをランキングしている。都農ワインは『Wine Repot 2004』において、アジア地区の「新進気鋭のワイナリー」の中で一位、「最も価値あるワイナリー」で二位、「最もお買い得なワイン」でキャンベル・アーリーが二位に、そして世界中のワインを集めた中で「もっとも注目すべき銘柄100」に選ばれたのだ。

そして生産開始から一〇年目の節目にあたる平成一八年、国産ワインコンクールにおいて、シャルドネ・アンフィルタード2005が欧州系白品種部門で金賞およびカテゴリー賞を受賞、ほかにも銀賞二つ、銅賞一つを獲得して業界を驚かした。世界の名だたるワイン産地でも都農のような過酷な条件下でブドウを栽培している例はないという。それだけにこの受賞は日本のワイン業界全体にとっても非常に大きな意味を持っている。

五ヘクタールの畑は三カ所に分かれている。いくつかの畑では風よけに土を周囲に盛り上げており、棚は半分地中に埋まっているように見える。他にも排水対策、防風林の植樹、ビニールトンネル栽培、棚作りの工夫など、台風に備え、気候風土に合わせたさまざまな工夫がなされている。海を見下ろす眺めの良い高台の畑は台風の時には暴風雨が直撃するという。畑によって土地の高低差や日当たりなどがかなり違うが、それを活用し、畑ごとの個性を生かすワイン造りが行われている。比較的樹齢の高い、最良の単一畑からは都農ワインの逸品、シャルドネのアンフィルタードが造られている。その他カベルネ・ソーヴィニヨン、シラー、テンプラニーリョ、ピノ・ノワールなども栽培している。ピノ・ノワールは収穫時期が早いため台風対策にもなっている。ピノ・ノワールは冷涼な気候が合うと思われているが、ブラジルでの経験から小畑は石灰質土壌であることが重要だと考え、都農でも期待している。

醸造設備に関しては、機械化、効率化を重視している。大小二〇基のステンレスタンクと一三〇本の

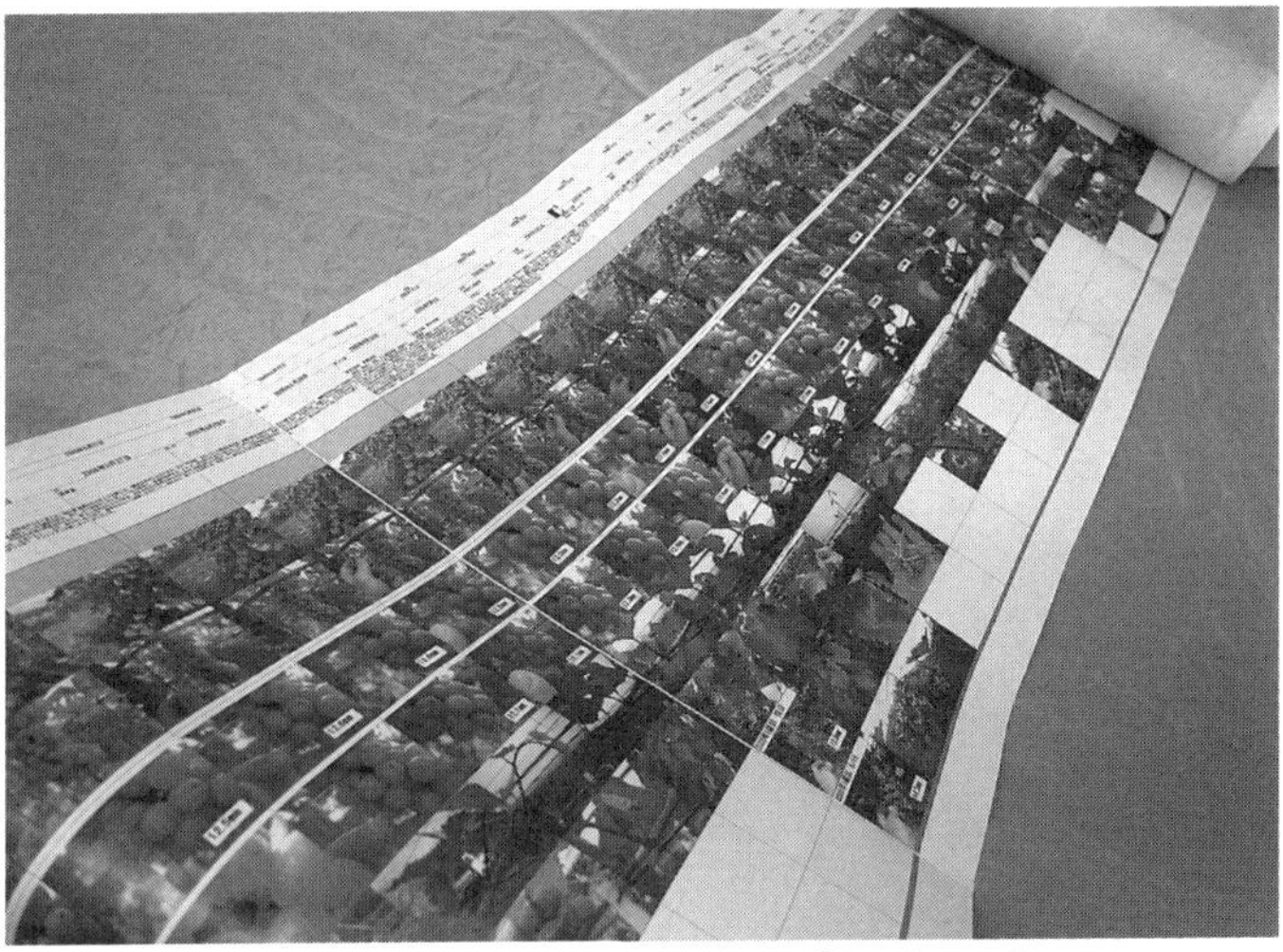

栽培・醸造担当の赤尾誠二が畑を毎日定点観測した「巻物」の一部

フレンチオークという設備だが、少人数（ほぼ二人体制）で栽培と醸造をこなすため、大量に仕込むときなどには、アルバイトも雇う。その時に誰でも操作できるようにと、機械化と作業の単純化を推し進めている。醸造面での工夫としては、ワイン専用品種ではないキャンベル・アーリーのフォクシー・フレーバーという香りをできる限り抑えて、フレッシュでクリーンな香りを表現するために、タンク内に窒素ガスを充てんしてブドウ果汁の酸化を防ぐ工夫をしている。これにより酸化防止剤の亜硫酸塩の使用量も抑えることができる。

その他はごく普通の乾燥酵母を使っているし、特に変わったことはしていない。しかし衛生管理面には非常に気を使っている。ブドウを入れるコンテナや醸造設備の消毒、清掃を徹底して行っている。白はなるべく空気に触れさせない、タンクは限りなく「嫌気的」にする。ともかく繊細に扱う。「気をつけているのは小さな積み重ねを大事にすること。ワイン造りで怖いのは小さなミスを重ねること。それがボディブローのように効いて品質が損なわれるから」とも小畑は語った。

現在の年間生産本数は約二二万本、九五パーセントが県内消費で、ワイナリーを訪れる観光客らに消費されている。そこではほんのり甘いキャンベル・アーリーのロゼやスパークリング・ロゼが人気。消費者の好みに合わせて三つのタイプがあるシャルドネは国産ワインコンクールの常連受賞ワインで、都農の名を全国に知らせた。南国らしい豊かな果実味と厚みのある味わい、すっきりときれいな酸味がしっかりと味わいを支えている。

都農ワインでは、観光客だけでなく、地元の住民との交流にも力を入れており、ワイナリー内の広場では地元の学生や町民によるサッカー大会や、ソフトボール大会などといったイベントも頻繁に行われている。都農ワインの理念は地元都農町への貢献にあると小畑たちは考えている。直接的な経済効果としてはブドウの買い上げだけでなく、地場産品の売り上げ、都農町への寄付なども挙げられる。そのほかに町が取り組んでいる循環型農業に積極的に協力し、都農町のイメージアップにも一役買っている。また県内外へ向けて都農町という町を認知させるという点でも、都農ワインの果たす役割は大きい。

そのような使命感があるとはいえ、このように厳しい条件下でなぜブドウを栽培し、ワインを造り続ける情熱が続くのか。熱い思いでどんどんと突き進む小畑でさえも、正直嫌になったり、絶望感に襲われる時があるという。しかし、この土地で、この土地ならではのワインを造り、ワインを通じて地域と結びつくことが自分の存在意義にも繋がるのだと、自分を鼓舞していると言った。このような小畑らの取り組みは、小さな町のワインを世界的な評価を受けるまでに育て上げたとして「常識に挑み悪条件を克服」した「隠れた世界企業」と、『日経ビジネス』誌に二ページにわたり取り上げられたこともある。

赤尾の考えは、単なる町おこしや地域の活性化ではなく、生産者も消費者も皆が当事者となれるものづくりを通し、本来社会があるべき姿を取り戻すことである。「醸造家は畑へ行ったほうが良いし、農家はワインを知ったほうが良い。これからも農家の人たちと積極的にかかわりながら枠にとらわれないワイン造りをしていきたい。みんなで造る、みんなのワインを目指したいんです」と語った。

都農ワインの成功は日本のワイン業界を驚かせた。九州の南端で良いワインが造れるはずがないというのが、業界の常識だったからだ。日本は世界的分布でいえば多雨・亜熱帯ゾーンに入る。ことに九州はそうだからである。ここは日本に数多い素人の思いつき、ひとりよがり的ワイナリーとは全く違って、きちんとした現代醸造学の理論を背景にして、実験農場ともいえる試行錯誤を、地道かつ着実に繰り返している点は、日本の他のワイナリーが範としても良い存在である。世界的レベルで通用するワインは、ワインという分野に経験のない素人の思いつきや工夫だけでは決して生まれない。ここの成功は、現代醸造学の正しい導入にある。

都農ワインでは平成一五年よりキャンベル・アーリーのスパークリングワインを製造しているが、そのラベルには〝A DREAM SHARED BY ALL〟の文字がある。「ひとりの夢がみんなの夢に」という意味だ。これが都農ワインの使命であり、理念なのであろう。

（大滝恭子）

ワインリスト（主要製品。容量は七五〇㎖。価格は税込み）

マスカット・ベリーA 2010（赤・辛口）一三五〇円

マスカット・ベリーA エステート 2010（赤・辛口）一八〇〇円
マスカット・ベリーA プライベートリザーブ 2006（赤・辛口、ミディアムボディ）二五〇〇円
シャルドネ エステート 2010（白・辛口）二八〇〇円
シャルドネ エステート2009（白・辛口）二八〇〇円
シャルドネ アンフィルタード （白・辛口） 三〇〇〇円
スィート・ツノ （白・極甘口）一三五〇円
キャンベル・アーリー 2010（ロゼ・やや甘口）一二四〇円
キャンベル・アーリー ドライ 2010（ロゼ・辛口）一二六〇円
スパークリングワイン レッド（赤・辛口）マスカット・ベリーA主体 一六〇〇円
スパークリングワインキャンベルアーリー（ロゼ・やや甘口）一六〇〇円

宮崎県

都城ワイナリー――神話に彩られた国内最南端のワイナリー

宮崎県の都城市にあるこのワイナリーは、二〇一一年一月二六日に噴火を起こした新燃岳《しんもえだけ》のふもと近くにある。噴火の空振や降灰で被害も出た。神話と歴史のふるさと、霧島一帯の中心、霧島神宮からは、タクシーで一〇分ほどだ。都城市は、田畑作はもちろん、畜産が盛んなところで、牛、豚、鶏肉の出荷量は市町村としては全国一を誇る。

そんな都城市の西北一五キロメートルのところにある標高約六五〇メートルの地にワイナリーが誕生したのは平成一六年。現社長である山内正行の何気ない発言がきっかけだった。山内は都城市出身。地元の高校を卒業後、二二歳で九州工業大学へ入学し、機械工学を学ぶ。卒業後は東京の大手ゼネコン清水建設で働いた。

そうした山内が家業を継ぐために故郷に戻ったのが今から二〇年ほど前。ガソリンスタンドなどを受け継ぎ、地元の経済人として活動を始めた。そのうち地元経営者の異業種交流会に呼ばれるようになり年上の経営者たちと親交を持った。平成一四年、忘年会の席で、「一〇年後には何をしていたいか」という夢や目標を発表する機会があった。そこで山内は夢として、「一〇年後にはハッピーリタイアしてワイナリーのオーナーになっている」と発言した。実家はもともと酒販店だったので、彼が地元に戻ってからは輸入ワインもけっこう扱うようになり、山内はワインアドバイザーの資格も取得していた。一九九〇年代後半にはボルドーワインを売りまくり、輸入商社の肝いりでシャトー・ランシュバージュに招待され、名誉あるボンタン騎士団にも入ったくらいだから、ワインの素養はあった。

同時に山内は、地元の霧島山群の中の高千穂一帯こそが日本における最古のワイン産地だといってもよいのではないかという持論を持っていた。古い記録の中に酒の記述があるのは「あまたの木の実を集めて酒を醸し」、ヤマタノオロチにこれを飲ませて酔っ払って寝てしまったところを……という話がある。神様たちも「木の実酒」を飲んでいたとすれば、「高千穂」に降りてきたといわれるアマテラスオオミカミの孫たちは霧島周辺の人々に「木の実酒」の造り方を教えたはず。そんな空想からワイン造りをやりたい、と口走ったのだろう。

彼自身としては宴席で語った夢にすぎなかったが、意外なことにこの山内の夢は先輩経営者たちから大きな賛同を得る。一〇年後でなく、今すぐに取りかかろうということになり、中心になって動いたのが窪田次生。関西にまでその名を知られた実業家で、山内の案を気に入り、資金を集めてワイナリーを造ろうということになった。

都城は畜産が盛んだが、仔牛で売られていくものも多く、都城のブランド力が弱かった。生産力を持ちながら、それを発信する材料がない。ワイン造りは都城を発信する大きな力になるのではないか？地域活性化のための地場産業、そしてブランドの必要性を窪田ら地元の企業家たちが切実に感じていたことが、ワイナリー計画の後押しになった。夢を語ったのが忘年会で、年明けに窪田の事務所に呼ばれたときにはもうワイナリーの事業計画書が出来上がっていたというから、当の山内があまりの急展開に面食らったというのも無理はない。

しかしそれからが大変だった。もちろん誰もワイン造りの経験がある訳ではない。まず山内と窪田

高台に広がる自社畑

は「都農ワイン」の小畑暁工場長を訪ねた。そこで山内は「ローヌのようなどっしりとしたワインを造りたいんです」と語った。すると小畑から「ふざけるなーっ」と怒鳴られたという。ブドウ作りに適しているとは言い難い土地で散々な苦労をしている小畑にしてみれば、素人が何を勝手なことを抜かすか、である。「そんなワインが簡単にできるなら、俺がとっくに造ってる！」とも言われた。山内は、こりゃあ大変なことに手を染めようとしているんだな、とようやく気付き、冷や汗が出た。小畑の怒りは収まらなかったが、九州でブドウを栽培しワインを造ることの大変さを語っているうちに、いつの間にか都農ワインの経営についての愚痴や苦労話になった。しまいには山内に、本気でブドウ栽培と醸造を勉強するなら都農ワインで二年間修業しろと言ってくれた。実際には修業をする余裕はなかったが、その後も小畑からは有益なアドバイスをもらったという。

地元企業主などから資金が集まり、平成一六年一月に「有限会社都城ワイナリー」が発足した。土地は、市の所有する吉之元町の標高六五〇メートルの遊休耕地三ヘクタールを借りることができた。出資した土木業者らが手弁当で荒地を開墾、最初の苗木は出資者や家族、大勢のボランティアが集まって植えた。栽培品種は当初はソーヴィニヨン・ブラン、ピノ・ノワール、テンプラニーリョなど。いずれも山内が飲みたいワインだったからだ。

山内たちはブドウの栽培も素人。山梨に行き、「機山洋酒工業」「奥野田葡萄酒」「シャトー酒折」などいくつものワイナリーを回って栽培や醸造の話を聞き、さまざまな研究機関にも相談に行った。しかしそんなに簡単には行かなかった。新芽はシカに食べられて丸坊主。そしてその後は黒とう病をはじめカビ系の病気のオンパレード。見よう見まねで造った雨よけは台風で飛んでゆく。そんな中、マンズワイン出身でレインカット栽培法の生みの親、栽培・醸造コンサルタントとして活躍する志村富男に出会う。そして志村の指導の下、山ブドウと西洋品種の交配品種をメインに栽培するようになった。そして圃場の周囲にはしっかり金網を張り巡らせた。

しかし残念なことにワイナリー設立を目指してみんなを力強く引っ張ってくれた窪田は平成一七年五月、がんで亡くなった。まだ六二歳の働き盛りだった。

たび重なる豪雨、台風、病虫害。窪田はいない。出資者への負担も重くなってゆき、資金も底をつく。こんな中でも栽培と収穫、大分県の「久住ワイナリー」での試験醸造を続けてこられたのは多くのボランティアの存在があったからだ。彼らは、都城盆地にちなみ、ボンタン騎士団をもじって「ぼんち騎士団」と呼ばれる（ボンタンは木で造った直径四〇センチくらいの鉢。清澄用の卵白を泡立てる。形状が盆地と似ている）。無報酬でおいしいワインを目指して献身的にワイナリーを支えてくれた。会員は現在四〇〇名。一株オーナー制度もあり、東京や大阪の会員もいるそうだ。イベントのリーダーをいつも買って出てくれる一〇名ほどの中核メンバーはまるで「円卓の騎士」と呼ぶにふさわしい働きをしてくれる。彼らあってのワイナリーなのである。

そしてチャンスが訪れた。平成二一年秋、「耕作放棄地再生事業」なる農水省所管の補助事業の話が回ってきたのである。放棄された農地を再生して農業を始めるグループに、それにかかる費用や農作物の加工場（醸造施設！）を造る費用のほぼ半分を助成してくれるというのだ。公的金融機関の融資も受けられるという。山内たちは一も二もなくこの話に乗った。

畑を増やし、醸造施設をメインの畑から二キロほどの大きな観光施設の隣に建てることにした。その地主の竹山は、戦後すぐに入植した開拓者。子供たちは独立し今は夫婦二人暮らしだ。立派な畑を造ること、そして自分を畑の作業員として雇うことを条件に土地を貸してくれた。

ワイナリーの建物は神話の郷にふさわしく神社のような造り。ワインショップの下の階に醸造設備がある。非常にこぢんまりしているが、まだ新しいこともあり、木の香に満ちた清浄な雰囲気が漂う。ステンレスタンク、選果台、圧搾機などはいずれも小ぶりでピカピカに光っている。。醸造は、山内が志村の教えを忠実に守りながら試行錯誤しているところだ。

醸造へのこだわりとしては、癖のあるブドウ品種が多いので、ブレンドによって香りや味のバランスをとっている。収穫時期についても、糖度だけでなく最大限香りが出る時期を探して収穫するように心がけている。白の甘口は凍結搾りを行って甘やかさを出し、ソーヴィニヨン・ブラン系のブドウの柑橘系の香りと酸とで味に立体感を与えるようにしている。

畑はワイナリーから車で五分ほどの、標高六五〇メートルの見晴しのよい高台にある。周囲に山々が迫り、まさに神話の世界。三ヘクタールの畑をたった一人で管理しているのは木田浩二農場長、三三歳。農家の出身でさまざまな果樹栽培の勘は体に染みついている。地元の高原農業高校卒業後、京都で庭師の修業をした。修業を終えて故郷の都城へ戻ってきた矢先に、異業種交流会で山内と出会い、「ビビッときた。世界を目指すならワイン造りだ！」と思ったという。そしてワイナリーの栽培担当となる。試行錯誤しながら近隣の生食ブドウ農家へも研修に通った。たった一人、人里離れた畑で一日中ブドウの世話をするのは、時に孤独を感じるという。先が見えず、これでいいのか、他の人の話が聞きたいと思うことも多いそうだ。

降雨量は山梨の五倍、夏の気温は常に三〇度を超え、台風の通り道で毎年強風や雨には苦労する。今のところ栽培に成功しているのはすべて山ブドウ系だそうだ。山ブドウ「行者の水」（サンカクヅル）と、交配相手はカベルネ・ソーヴィニヨン、シラー、ピノ・ノワール、ソーヴィニヨン・ブランなど。山ブドウとピノ・ノワールを交配したものにリースリングを掛け合わせ、さらにそれにソーヴィニヨン・ブランを交配させたものもあり、それにAMENOUZUME（アメノウズメ）と、古事記にちなんだ名をつけている。他の品種にもそれぞれに神様の名など独自の品種名をつけている。いずれも垣根仕立てで今はレインカット方式にしている。他に近隣の契約農家から買っているデラウェアやマスカット・ベリーAがある。高温多湿なため、ヨーロッパ系品種が育ちにくいのはわかっているが、諦めずにいろいろ試している。地元の農家ではカベルネ・ソーヴィニヨンを棚で仕立てる実験もしているそうだ。新燃岳が噴火をした時には火山灰が三センチも積もった。酸性の強い土地なので、石灰を多めに撒いて中和するなどの工夫もしている。

現在販売しているワインは「新燃」一種類。山ブドウ系のカベルネを主にマスカット・ベリーAをブレンドしたほんのり甘口。平成二三年五月中旬には二二年にリリースされた赤白二種類はほぼ完売していた。ちなみに赤「新酒」は山ブドウ系カベルネとマスカット・ベリーAをブレンドした辛口。白「アメノウズメ」はデラウェアに山ブドウ系ソーヴィニヨン・ブランをブレンドしたアイスワイン仕立ての甘口。平成二三年の生産本数は一万二千本を見込んでおり、平成二六年には二万本を目指す。二万本までできれば、採算は取れる計算になっている。

なぜこのように困難な土地でブドウを植え、ワインを造るのですか?という問いに、山内、木田の二人からそれぞれ「神様に捧げるワインを造りたい」という言葉が出た。神々の神話や伝説が生活に根付いている土地柄に改めて驚きを感じながらも、これも日本のワインのひとつの姿なのだと感じた。

（大滝恭子）

ワインリスト（容量は七二〇㎖。価格は税込み）

新燃（赤・やや甘口）　山ブドウ系カベルネ、マスカット・ベリーA　一六〇〇円

新酒（赤・辛口）　山ブドウ系カベルネ、マスカット・ベリーA　一六〇〇円

アメノウズメ AMENOUZUME（白・甘口）　デラウェア、山ブドウ系ソーヴィニヨン・ブラン　二四〇〇円

播州葡萄園——日本最初・最大の国営葡萄園

山本　博

戦塵未だ消えやらぬ明治四（一八七一）年、新政権がどうやら樹立されたばかりというのに、明治政府の中心的閣僚が欧米を一年九カ月がかりで視察旅行するという決断を強行した。世界に例を見ない壮挙だが、日本の近代化のために西洋文明の実情を見ることが急務だと考えたのだろう。この「岩倉使節団」は貪欲に諸国の諸文物に目を光らせた。その中で使節団が驚き注目したもののひとつはフランスのワインだった。フランスでは「シャンパン・ボルドーノ銘酒ハ世界ニ賞味セラレ」とその味に目をつけただけでない。「仏国ノ葡萄酒ハ欧州ノ名産ニテ、一八六九年ニ製造高七千万ヘクトリットル、輸出ノ分、価二億四千万フランクニ上レリ」という重要産業（ことに農業で）になっていることを知らされたのである。大久保利通を頂点とする西洋文明開化方針を取った明治政府は、前田正名が具現者だった殖産振興政策を取る。その中にワイン産業の育成も含まれていた。外国産葡萄の苗木の育成栽培を含む内藤新宿試験場（現在の新宿御苑）の拡大と三田育種場（旧島津藩邸の四万坪）の開設を行った。全国各地に呼びかけて葡萄栽培を奨励しただけでなく、重要拠点を選んで国営の葡萄栽培・葡萄酒製造の模範基地の設営を図った。葡萄栽培の実績を持つ山梨県では才気煥発・開明性を売り物にした藤村紫朗が県令（県知事・弱冠二九歳）に赴任し、明治九年には県の勧業試験所を作った。北は北海道では、北海道開拓使庁が明治八年に札幌市苗穂村に四〇余町歩（約四〇ヘクタール）の北海道開拓使園を開設し、外国種のコンコード、イザベラ、ダイアナ、ハートフォード、ボルドー・ノワール、ベーコン、マクロなどの試験栽培を行い、その苗木を青森、秋田、山形に頒布している。もうひとつの必要とされた拠点は関西だった。

いくつかの自薦他薦の候補が出た中で、決定されたのが兵庫県加古郡印南新村だった。兵庫県の西南部は播磨または播州と呼ばれたので（人形浄瑠璃・歌舞伎に「播州皿屋敷」がある）、ここは播州葡萄園と呼ばれることになった。現在は神戸市の西にある明石市の西端、播磨から少し山側に入った加古郡稲美町印南になる。奇しくも神戸市が誇る神戸ワイナリーがある六甲山脈のはずれの西手にあたる（JR山陽本線土山駅下車）。

この地の選定に当っては、当時の日本では葡萄栽培の一人者といえる福羽速人の詳細かつ科学的な報告書（「農務顚末」）が残されている。福羽は東京における内藤新宿試験場や三田育種場の試栽培の結果が好ましいものでなく、全国を調査し、もっと葡萄栽培に適したところを選んで本格的葡萄園を開設すべきことを提唱していた。印南村のあたりは、現在は水田地帯になっているが、灌漑設備ができなかった時代、水利が悪く稲作をはじめ通常の農作物栽培に向かない土地だった。徳川時代には姫路藩が綿の栽培を奨励して一時は重要な農産物になっていたが、旱魃や安価な外国綿糸の輸入に耐えきれず荒廃地になっていた。福羽はこの地が水はけが良い乾燥地であること、日照がよく、風通しもいいことに目をつけたのである。

明治一三（一八八〇）年、明治政府は印南村の民有地三〇町余りを買い上げ、葡萄園を開設した。当初の目的は外国葡萄を栽培し、成功すれば農家に普及させるための実験農場だった。植えた苗木は内藤新宿試験場のもので、二二種約二万八〇〇〇本だった（別表参照・この呼称名の葡萄が現在のどの品種に該当するか正確なところはわからない）。栽培法、仕立ての主力はギヨー式（一部は支柱で固定する纏柱式《てんちゅう》）の垣根栽培で、当時日本に普及していた棚仕立でなかったから、いかに先進的だったかがわかる。

三年計画で初栽培が始まったが、栽培面積は一八町五反（約一八・三ヘクタール）に及んだ。（植えた苗木のかなりのものが枯死した）。明治一四年には試醸が始まり、一七年には二四坪の醸造所を新設、さらに一八年には七六坪の葡萄酒醸造所を建て、さらに三〇坪の蒸留所を造って、ブランデーの生産も始めた。

本来の目的である苗木の普及についていえば、育った苗木は数十万本に及んだ。当時の流行に乗った頒布希望者の需要に応えきれなかったので、近隣の有志農家と契約栽培を締結して無償で頒布した苗木を繁殖させ、それで全国各地方からの請求に応じるようにした。

総面積約三〇ヘクタール、六〇種以上の欧米系醸造用葡萄が合計一九万本以上栽培され、栽培法はギヨー式垣根仕立て、片流れ式温室も含む諸設備、八棟に及ぶ醸造所用関連施設、輸入醸造用具を備え、トップクラスの栽培・醸造技師（福羽速人、片寄俊、桂二郎）を擁したワイナリーであり、まさに先進的かつ壮大な国家的プロジェクトであった。もしこの葡萄園が成功していたとしたら、このあたりは全国でもトップ級になるワイン生産地になっていたかもしれない。

このように滑り出しは良かったのだが、開園後わずか五年しかたたないうちに民間に払い下げられる。払い下げを受けたのは農商務大臣書記官前田正名であった。当時明治政府では従来の経済政策の見直しとその路線変更が生じていた時期で、いわゆる松方正義の「デフレ政策」の時代である。政商資本の台頭を背景に大工業優先政策に対し、地方産業を保護育成し、その後に機械制移植工業の振興を図るべきだと主張していた前田は、大蔵省対農商務省の激しい政策論争の渦中にいた。その政争に敗れ、官界の中枢から追われたわけである。職務を免じられた前田に、明治一九年農商務省から播州葡萄園と神戸オリーブ園の経営が委託されたのである。そしてその二年後の明治二一年に前田に払い下げられる。

ところがそうした時期に、葡萄園は台風に襲われて被害を受けただけでなく、葡萄の仇敵フィロキセラ（ブドウネアブラムシ）に襲われた。一九世紀後半ヨーロッパ中の葡萄畑を壊滅させたこの害虫は、約五〇年近くかかって、この虫に耐性のあるアメリカ産台木にヨーロッパ種の枝を継ぐ方法で克服され、ヨーロッパのワイン産業が復興されたわけだが、初期はそうした手段が普及していなかった。日本では福羽逸人や小野孫三郎など一部の者にはその恐ろしさが早くから認識されていたが、対抗策まで考えられていたわけでなかった。

播州葡萄園でこの病気に侵されたのは、東京の三田育種場から移植された苗木だった。その三田育種場でフィロキセラが発見されたのが明治一八年五月である。まさに播州葡萄園がスタートした直後だった。三田育種場の状況は「農商務省第五回報告」に生々しく報告されている。

「本場栽培ノ葡萄樹春来発芽成長ノ景況甚ダ常ヲ失シ或ハ新葉萎縮シテ殆ンド伸ビザルモノアリ、五月上旬試ニ其根ヲ堀採シテ之ヲ検セシニ、皮面凹凸シテ全部疿瘤ヲ生ジ、處々ニ橙黄色ナル細虫ノ群簇蠢動セルヲ見ル。精細之ヲ調査シ始メテ其ふゐろきせら・ばすたとりつくす害虫ナルコトヲ知ル。是ニ於テ直ニ本局員ヲ派シ虫毒ノ恐ルベシコトヲ教示シ、本会員（大日本農会、当時三田育種場の委託管理を受けていた）ニ協議シテ被害樹ハ悉ク之ヲ焼却シ、其地へ石炭酸ノ稀液ヲ灌キ専ラ害虫ノ撲滅ニ従事セシメタリ……」

小野は全国各地の苗木の配布先を回って害虫撲滅に奮闘するが、播州葡萄園でも福羽の指示によって四六四二本の葡萄が掘り返され焼き払われた。この騒ぎの後の収穫はわずか二〇〇貫、ワインにして二七〇リットル、農場の規模からすれば惨憺たる成績であった。

前田が播州葡萄園の経営を委嘱されたのが明治一九年、その年に福羽は政府の仏独留学命令で渡欧している。フィロキセラが発見されたのが、その前年の一八年である。福羽が応急の対策を講じて日本を離れた後、どのような対応策がとられたかはっきりした記録がない。前田がなぜ払い下げを受け、どのような経営をしたのかもよくわからない。わかっているのは明治二十三年福羽に後事を託された片寄俊が「BANSHIU BUDOYEN」名の葡萄酒・ブランデーの商標登録をしていることだけである。

考えてみると播州葡萄園は全く運が悪かったとしか言いようがない。もし開園がもう一〇年か二〇年遅ければ、この葡萄園の運命は変っていただろう。というのは、フランスでフィロキセラが発見されたのが一八六六年、ボルドーやブルゴーニュに現れたのが一八六七年から七八年、テナール男爵が二硫化炭素による駆虫を始めたり、レオ・ラリマン博士がこの虫に耐性がある台木に接ぎ木をする方法を開発したりしたのは一八六九年つまり明治二年なのである。しかも、この防御法には、初めの頃はフランスでも抵抗が多かった。事実、ブルゴーニュのように事態が深刻になる一八八七年まで公的に接ぎ木を禁止していた地方があったくらいである。三田育種場でフィロキセラが発見されたのは明治一八（一八八五）年、前田が払い下げを受けたのが明治二一（一八八八）年である。フランスで接ぎ木法が発見されても、それが普及し軌道に乗るには二〇年以上かかっている。日本でのフィロキセラ発見はちょうどこの時期なのである。今日のように通信手段が発達していない明治一〇年代に、ヨーロッパで新技術が開発されたとしても、それを知る手段はごく限られていた。多分明治一九（一八八六）年、福羽がフランスに渡った頃になって初めて接ぎ木方法が定着しつつあることを知ったのであろう。播州葡萄園の崩壊はフィロキセラによるものと漠然と伝えられているが、前田とそのスタッフがその対策法を知っていたか、また知ったが実務的に対応できなかったか、今になって正確なことはよくわからない。

運が悪いというのは、もうひとつ別の理由がある。じつは、印南村では水田開発の事業が明治一八年頃から始められ、明治二十四年には淡河川疏水が完成している。つまり今まで不毛の地だった印南村が灌漑施設の完備によって見事な水田地帯として蘇生したのである。（そのため合併時に新しい町の名を稲美としたのだろう）。多くの農家は先行不安な葡萄栽培と取り組むより水田耕作に走ってしまったのである。

播州葡萄園が「閉鎖同様」になったのは、明治二九年、前田が葡萄園全用地の売却を終えたのは明治三七年、以後大正・昭和・平成と一〇〇年近い歳月を経る間に、ここに日本一の葡萄園があったことは忘却の彼方に消えさってしまった。生き残っている古老の記憶にわずかに残っているだけになっていた。しかし、資料を調べ播州葡萄園の存在の重要性を世に訴えたのは麻井宇介であった（『日本のワイン・誕生と揺籃時代』日本経済新聞社刊など）。平成八（一九九六）年、印南地区の圃場整備事業用地の一角に偶然レンガ積みの遺構が発掘された。これがきっかけになってこの年の一〇月に発掘調査が行われ、その結果ここが播州葡萄園の跡であることが明確になり、稲美町教育委員会を中心に町を挙げての町指定文化財として本格的調査が始まった。平成一八年には葡萄園跡約五万二〇〇〇平方メートルが国史跡に指定され、翌一九年には経済産業省の近代化産業遺産群にも認定されている。そして平成一〇年には、西近畿文化財調査研究所調査報告書第一集・『播州葡萄園―園舎遺跡発掘調査報告書』が発刊された。次いで平成一二年には稲美町教育委員会から『播州葡萄園一二〇年』という報告書が刊行された。いずれも詳細かつ科学的な調査に基づくもので、この二冊を読めば往時の播州葡萄園の全貌がどのようなものであったかがほぼ正確に推定できるようになっている。

新ワインブームといわれる今日、明治時代にわれわれの先人たちがワイン造りをどのように考え、そのためにどのようなことをしたか、そしてどのような人たちがどのような苦労をしたかを知ることは、まさに「古きを尋ねて新しきことを知る」ことにつながるだろう。現に、今日本のワイナリーで広く使われているマスカット・ベリーAは、川上善兵衛がマスカット・ハンブルグをベーリー種と交配して生み出したものだが、そのマスカット・ハンブルグの母樹は播州葡萄園から持っていったものである。

また、なぜ壮大な国家的プロジェクトが短期間のうちに崩壊し、水泡に帰したかを知ることは、今日ワイナリー経営にあたっている人にとって決して他山の石ではない。

平成一〇年代、印南町の町会議員赤松弥一平は日本酒の蔵元だが、明治時代の遺跡からこの葡萄園が日本一のものだったことと、先人の偉業とを知るにつけ、ここでワイン造りができないかと考えるようになった。播州葡萄園の登録商標が町のものになっていたので、これを借り受け、旧葡萄園跡の畑の一部約三〇〇〇平方メートルを地主から借りた。自分はワイン造りは素人だったから、佐藤立夫を醸造長に委嘱した。佐藤は東京大学農学部の農学博士、メルシャン社に勤務し、東京の「成城石井」のワイン輸入に関与したこともある。葡萄は山梨の植原葡萄研究所から苗木を買った。かつて、この園で栽培していた品種のうち、カベルネ・ソーヴィニヨン、メルロ、セミヨン、ソーヴィニヨン・ブラン、ジンファンデルの五種を選んだ。植えつけたのは平成一五年と一六年とで約二〇〇〇本、醸造免許も取った。一八年になると葡萄が実をつけ、試醸が始まった。摘果は足踏みで破砕、日本酒の吟醸酒に使う圧搾器で搾汁、発酵は日本酒用のステンレスタンクで仕込んだ。その後、毎年大体五〇〇〜六〇〇本くらいのワインが生まれている。また一般に市販していない。

赤松・佐藤ラインの目的は、播州葡萄園の史的存在価値の重要性を世に認めさせるところにあり、そのため新しいワイン造りも、葡萄は旧葡萄園で使った品種に限り、旧葡萄園内の畑で取れたものに限っている。つまり、名史跡のワインの現代的復元をねらっているから、現在のところ畑の作付面積を増やすとか、量を増やすということを考えていない。その意味で現在の播州園ワインは商業生産のレベルに達していない。しかし、その試醸的ワインの品質が非常に高度なものであることが確認された時点で、新しい展望を考えるかもしれない。現在出来上ったワインの品質の良非を判断できる段階でなく、あと五〜七年経って、その正確な評価ができるであろう。そうした意味でこのワイナリーは日本でも特殊であり、注目と関心を必要とするであろう。

播州葡萄園の植栽品種および株数一覧表

品種名	株数	品種名	株数
黒色葡萄	五五八本	ピノーノアリアン	五三七本
黒色葡萄	五六〇本	ピノーグリス	二二七本
黒色葡萄	一七二八本	ピノーブラン	五三九本
ブラックボルガンヂー	二四七本	コッタキューベルト	二〇九七本
メスリールノアー	三六本	メスリールブラン	二一五本
プレコースマリングル	二四七本	ブラックホンブルグ	三三二本
フェンダントローズ	四本	ホワイトスウヰトウオタ	四五四本
ホワイトナイス	五本	トーメナ	八九〇本
マラガ	五本	レッドマンソン	四〇八本
ポリーナ	二三本	グリーンハンガリヤン	九三本
ジョハニスベルグリースリング	七〇本	レッドハンガリヤン	二一本
ホワイトマスカット	三一本	ゴルデンジャースラス	一四本
フレームトオケー	一三本	ブラックジンフインダル	一五本
セントペータ	六三六本	ダイヤナ	七三本
マスカットデフロンチナン	三〇本	デラウエヤ	七本

播州葡萄園

品種名	株数	品種名	株数
黒色葡萄　イ号	二六九本	黒色葡萄	一〇五四本
ブラックジンフィンダル	二本	甲州葡萄	一六三六本
ゴルデンハンボルホワイト	四本	甲州葡萄	七四一本
マスカットハンボルホワイト	四本	黒色葡萄	二七六本
マスカットロウブレンホワイト	三本	黒色葡萄　ロ号	一〇〇本
ハーネスマスカット	二本	黒色葡萄　へ号	一〇九本
コンノンホールマスカット	二本	黒色葡萄　同右	二六一本
プリンスアルベルト	二本	黒色葡萄　同右	五七九本
ジョハニスベルグリースリング	一本	黒色葡萄　同右	八七九本
ホッグランドスウイトウオタ	一本	黒色葡萄　同右	一六二八本
ホワイトフロンチナン	二本	黒色葡萄　同右	八五四本
黒色葡萄　ホ号	三二八四本	白色葡萄	一二七九本
黒色葡萄　同右	八四〇本	白色葡萄挿枝	一〇三六本
黒色葡萄　同右	一六九本	白色葡萄挿枝	一四九〇本
		合計	二万八五五六本

出典：「農務顚末」

本書掲載のワイナリー連絡先一覧

●富山県

ホーライサンワイナリー株式会社　富山県富山市婦中町吉谷1－1　☎076-469-4539

●石川県

能登ワイン株式会社　石川県鳳珠群穴水町旭ヶ丘り5番1　☎0768-58-1577

●福井県

白山ワイナリー(株式会社白山やまぶどうワイン)

福井県大野市落合2－24　☎0779-67-7111

●愛知県

アズッカ エ アズッコ（須崎大介・あずさ）

愛知県豊田市太平町七曲12－683　☎0565-42-2236

●滋賀県

太田酒造㈱琵琶湖ワイナリー　滋賀県栗東市荒張字浅柄野1507－1　☎077-558-1406

株式会社ヒトミワイナリー　滋賀県東近江市山上町2083　☎0120-804239

●京都府

天橋立ワイン株式会社　京都府宮津市国分123　☎0772-27-2222

丹波ワイン株式会社　京都府船井郡京丹波町豊田鳥居野96　☎0771-82-2002

●大阪府

飛鳥ワイン株式会社　大阪府羽曳野市飛鳥1104　☎072-956-2020

カタシモワイナリー(カタシモワインフード株式会社)

大阪府柏原市太平寺2－9－14　☎072-971-6334

株式会社河内ワイン　大阪府羽曳野市駒ヶ谷1027　☎072-956-0181

仲村わいん工房　大阪府羽曳野市飛鳥795　☎072-956-2915

比賣比古ワイナリー(株式会社ナチュラルファーム・グレープアンドワイン)

大阪府柏原市大県697－2　☎072-979-0789

●兵庫県

財団法人神戸みのりの公社 神戸ワイナリー

兵庫県神戸市西区押部谷町高和1557－1　☎078-991-3911

●鳥取県

北条ワイン醸造所　鳥取県北栄町松神608　☎0858-36-2015

ワイナリー連絡先一覧

●島根県

有限会社奥出雲葡萄園	島根県雲南市木次町寺領2273－1	☎0854-42-3480
株式会社島根ワイナリー	島根県出雲市大社町菱根264－2	☎0853-53-5577

●岡山県

是里ワイナリー（株式会社是里ワイン醸造場）	岡山県赤磐市仁堀中1356－1	☎0869-58-2888
サッポロワイン㈱岡山ワイナリー	岡山県赤磐市東軽部1556	☎086-957-3838
農業生産法人 ひるぜんワイン有限会社	岡山県真庭市蒜山上福田1205－32	☎0867-66-4424
ふなおワイナリー有限会社	岡山県倉敷市船穂町水江611－2	☎086-552-9789

●広島県

せらワイナリー（株式会社セラアグリパーク）	広島県世羅郡世羅町黒渕518－1	☎0847-25-4300
株式会社広島三次ワイナリー	広島県三次市東酒屋町445－3	☎0824-64-0200

●山口県

永山酒造㈾山口ワイナリー	山口県山陽小野田市石束1985	☎0836-71-0360

●香川県

さぬきワイン株式会社	香川県さぬき市小田2671－13	☎087-895-1133

●福岡県

株式会社巨峰ワイン	福岡県久留米市田主丸町益生田246－1	☎0943-72-2382

●熊本県

熊本ワイン株式会社	熊本県熊本市和泉町三ツ塚168－17	☎096-275-2277

●大分県

三和酒類㈱安心院葡萄酒工房	大分県宇佐市安心院町下毛798	☎0978-34-2210
有限会社久住ワイナリー	大分県竹田市久住町大字久住字平木3990－1	☎0974-76-1002

●宮崎県

雲海酒造㈱綾ワイナリー	宮崎県東諸県郡綾町南俣1800－19	☎0985-77-2222
五ヶ瀬ワイナリー株式会社	宮崎県西臼杵郡五ヶ瀬町大字桑野内4847－1	☎0982-73-5477
有限会社都農ワイン	宮崎県児湯郡都農町大字川北14609－20	☎0983-25-5501
有限会社都城ワイナリー	宮崎県都城市吉之元町5265－214	☎0986-22-1546

おわりに

日本ワイン界の権威、大塚謙一博士から、「フランスのワインばっかりやらないで、少しは日本のワインも愛してくれよ」とご示唆を受けたのは平成五年頃のことである。それから日本のワインに強い関心を持ち始めたが、どこにどのようなワイナリーがあり、どんなワインを造っているのか、全く暗中模索という状態だった。日本のワインのことを書きたくても正確な情報が（もちろん現物も）なく、一時は挫折した。しかし少々機会があって全国のワイナリー巡りを始め、ワイン造りをしている人たちの誠意と苦労に心をうたれて、数年がかりで書き上げたのが、平成一五年の『日本のワイン』である。当時は引き受けてくれる出版社がなかなか見つからず、早川書房の早川浩社長のご厚意でやっと陽の目を見た。日本で最初の本格的・網羅的な国産ワインの紹介書になった。

これを読まれた『ワイン王国』の原田勳社長が、平成一六年に、特別編集として別冊『日本ワイン列島』を出してくださった。当時、ワイン関係業者も、各ワイン生産者の実態を知らなかった。それだけでなく生産者相互の意思疎通がほとんどなく、どこでどのようなワイン造りをしているかという実情を、生産者自体がよく知らなかった。その実情を嘆いたのを耳にされた原田社長が、出版を決断してくださったのが、平成一六年の『翔べ　日本ワイン』である。これは各生産者が自分で書いたワイナリーの自己紹介書で、大塚博士と一緒に編集したもの。非常にユニークな本なのだが、率直に言って売れ行きは芳しくなかった。ワインは飲んでもワイン造りに興味を持つ人が余りにも少なかったのである。ただ、その頃からぼちぼちワイン関係の雑誌がワイナリーを紹介するようになったし、ワイナリーを直接訪問する人も増えだした。

そうした中で、日本のワイナリーのあり方、ことに産業形態にいろいろ疑問を持ち、日本で優れたワイン造りをしている北海道ワイン株式会社（おたるワイン）を取り上げて、生産方法と形態に的を絞ってワイン産業のあるべき姿を書きたくなった。いろいろな事情があり、結局北海道のワイナリー全部を紹介することにした。これが平成一八年刊の『北海道のワイン』である。当時でも、北海道のワインといっても知られているのは十勝ワインくらいであり、そんな本は売れないだろうと考えられた。しかし、そうした本の重要性を認識された原田社長は採算性を無視した出版の決断に踏み切ってくださった。ただし、ひとつだけ条件がついた。「どうせやるなら全日本のワイナリーを紹介する本を書きなさい。社業として取り組む」ということだった。

そして、次に『長野県のワイン』（平成一九年）、さらに『山梨県のワイン』（平成二〇年）を出した。この時点で、先の一道二県と違って、他の県は単独では一冊の本にするのが難しいとわかった。そのため、日本を東と西に分け、東日本と西日本の二冊にまとめる構想が生まれた。ただ、問題だったのは、山本ひとり（ことに職業上、土曜と日曜しか使えない）がその全域を取材するのは時間的に無理だということだった。そのため、「日本ワインを愛する会」の事務局長、遠藤誠さんを中心に数名の取材者を決めて、分担して取材・執筆してもらうことをお願いした。こうした方法で出版したのが『東日本のワイン』であり、本書も引き続き同じような方法を取った。各ワイナリーの紹介は担当者の取材による執筆になっている。それを山本が統一とバランスを考慮してチェックした。

ワイナリーの紹介には、どうしても直接取材にあたった者の思い入れというものがあって、ワイナリーの方の熱意に打たれて主観的要素が入りがちである。監修者としてはそうした点をチェックして、できるだけ客観的に、ことに全国のワイナリーと比較しバランスを欠かないように配慮した。報道にはつきものだが、取材対象に明の部分と暗の部分がある場合、明だけでなく暗の部分をどこまで突っ込んで書くかという問題がある。本書では日本のワインが健全に育つための本という企画目的があるので、暗の部分にはあまり触れないように配慮した。思えば十数年の歳月を要して、どうやらシリーズを完成させたことになる。まだまだ不十分なところがあり、また、今後の各ワイナリーの発展に伴って修正・加筆を必要とするところも出てくるであろう。しかし、現時点で、日本全体のワイナリーをできるだけ公平かつ客観的に紹介するという作業を貫徹しただけに、多くのワイン関係者に必要なものになるであろうことを確信している。

収支・採算を無視して本シリーズを完成させてくださったワイン王国の原田勳社長と、村田惠子編集長をはじめ、編集部の堀雅子さんに心からお礼を申し上げたい。また直接取材にあたられた方々、校正を含む編集作業にご協力いただいた三角幸子さんにも、この作業を成し遂げたお礼と喜びを共にしたい。

平成二三年一〇月吉日

山本　博

●監修
山本　博（やまもと　ひろし）
弁護士。1931年横浜市生まれ。早稲田大学大学院法律科修了。ワイン愛好家として知られ、フランスをはじめ、世界各国のワイン事情に詳しい。日本輸入ワイン協会会長、フランス食品振興会主催世界ソムリエコンクールの日本代表審査委員、日本ワインを愛する会会長。著書に『北海道のワイン』『長野県のワイン』『山梨県のワイン』『東日本のワイン』（以上ワイン王国）、『日本のワイン』（早川書房）、『ワインの歴史—自然の恵みと人間の知恵の歩み』（河出書房新社）など多数。

●取材・文（五十音順）
遠藤 誠　遠藤充朗　大滝恭子
小山田貴子　金子猛雄
木下英明　丸山高行

日本ワインを造る人々 5
西日本のワイン

第一刷	2011年11月11日
監修者	山本　博
装丁	木下宣子
発行人	原田　勳
発行所	株式会社ワイン王国
	〒106-0046　東京都港区元麻布3-8-4
	tel. 03-5412-7894
販売提携	株式会社ステレオサウンド
印刷製本	奥村印刷株式会社

定価はカバーに表示してあります。
※万一落丁乱丁の場合は、送料当社負担でお取り替えします。当社販売部までお送りください。